JUMP Math 4.2
Cahier 4 Partie 2

Table des matières

jump math™
MULTIPLYING POTENTIAL.

Table des matières

PARTIE 1
Les régularités et l'algèbre

Logique numérale

La mesure

Probabilité et traitement de données

Géométrie

PARTIE 2
Les régularités et l'algèbre

Logique numérale

La mesure

Probabilité et traitement de données

Géométrie

Marie est en randonnée à bicyclette à 300 km de sa maison. Elle peut parcourir 75 km par jour.

Elle commence à revenir vers sa maison mardi matin. A quelle distance sera-t-elle de la maison jeudi soir? .

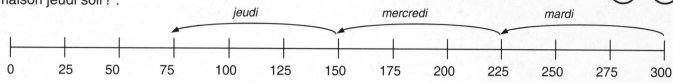

Jeudi soir, Marie sera à 75 km de sa maison.

---

1. Mercredi matin, le terrain de camping de Ryan est à 20 km du mont Currie en C.-B.

    Il espère marcher 6 km en direction de la montagne à chaque jour.

    À quelle distance sera-t-il de la montagne jeudi soir? _____

    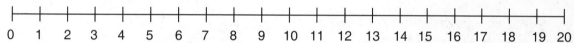

2. Jane fait du camping à 50 km de sa maison.
    Elle roule sur sa bicyclette, à 15 km par heure.
    À quelle distance de sa maison sera-t-elle après 3 heures ? _____

Dessine et écris les nombres sur une droite numérique pour résoudre les problèmes suivants.

3. Midori est à 16 rues de sa maison. Elle peut parcourir 4 rues par minute sur sa bicyclette.

    A quelle distance de sa maison sera-t-elle après 3 minutes? _____

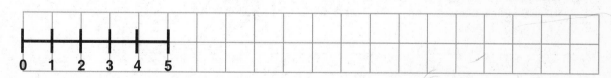

4. Tom demeure à 12 rues du parc. En patin à roues alignées, il peut parcourir 2 rues par minute.

    Pendant combien de minutes devra-t-il patiner pour se rendre au parc ? _____

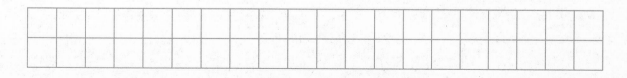

PA4-16: Les droites numériques (avancé)

Pour les questions ci-dessous, tu dois choisir une échelle à utiliser dans les droites numériques.

1. James participe à une course de bicyclette de 250 km. Il peut parcourir 75 km par jour.

   A quelle distance de l'arrivée sera-t-il après 3 jours? _____

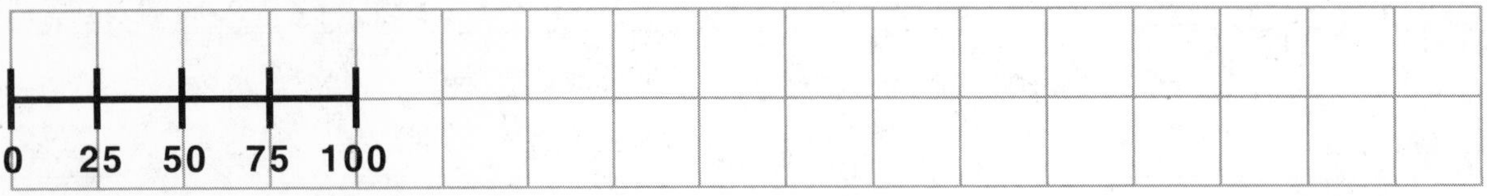

   0   25   50   75   100

2.  Sudha écrit une dissertation de 250 mots à l'ordinateur. Elle peut écrire 25 mots par minute. Combien de temps pendra-t-elle pour finir le travail? _____

3.  Wendy doit gravir 5 murs dans une course à obstacles.

   Le 1er mur est à 100 m de la ligne de départ.

   Après, il y a un mur à tous les 50 m.

   A quelle distance du départ le 3e mur est-il? _____

4.  Daniel plante 5 rosiers dans une rangée.

   Le rosier le plus près est à 10 mètres de sa maison. Il y a 5 m d'écart entre les rosiers.

   À quelle distance du dernier rosier la maison de Daniel se situe-t-elle?

   _____

   INDICE : Place la maison de Daniel à zéro sur la droite numérique.

5. L'échelle d'un peintre a 12 marches. Le peintre renverse de la peinture rouge sur toutes les deux marches et de la peinture bleue sur toutes les 3 marches. Sur quelles marches y a-t-il de la peinture rouge et de la peinture bleue? _____

Les régularités et l'algèbre 2

1. Karen crée une régularité qui se répète en utilisant des blocs rouges (**R**) et jaunes (**J**).

   La boîte montre le cœur de sa régularité.

   Continue la régularité en écrivant des R et des J.

a)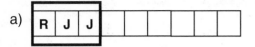

b)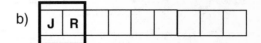

c)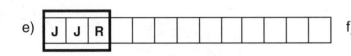

d)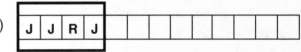

e)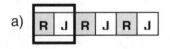

f)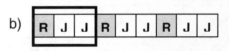

2. Stan a continué les régularités ci-dessous à partir du cœur. Indique si chaque réponse est correcte.
   INDICE : Colorie en rouge les cases contenant un « R » si cela peut t'aider

a)

OUI   NON

b)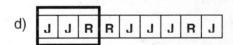

OUI   NON

c)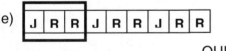

OUI   NON

d)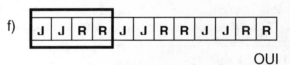

OUI   NON

e)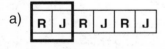

OUI   NON

f)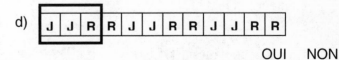

OUI   NON

3. Pour les régularités ci-dessous, les blocs dans le rectangle représentent-ils le <u>cœur</u> de la régularité?

a)

OUI   NON

b)

OUI   NON

c)

OUI   NON

d)

OUI   NON

e)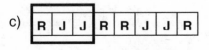

OUI   NON

f)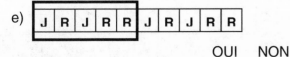

OUI   NON

PA4-17: Continuer et prédire les positions *(suite)*

Sally veut prédire la couleur du 17ᵉ bloc de la régularité. Elle doit trouver le cœur en premier.

Le cœur comprend 3 blocs. Sally fait un X à tous les <u>trois</u> nombres dans un tableau de centaines.

*Chaque X montre la position du
bloc où se termine le cœur :*

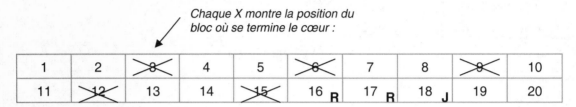

Le cœur se termine au 15ᵉ bloc.

Sally écrit les lettres du cœur sur un tableau en commençant par le 16ᵉ bloc.

Le 17ᵉ bloc est rouge.

- -

4. Pour chaque régularité ci-dessous, dessine un rectangle autour des blocs qui forment le cœur.

   a) | J | R | R | J | R | R | J | R | R |

   b) | R | R | R | J | R | R | R | J | R |

   c) | J | J | R | R | J | J | R | R | J | J | R | R |

   d) | J | R | R | J | J | R | R | J |

   e) | R | J | R | J | J | J | R | J | R | J | J | J |

   f) | R | J | R | J | R | J | R | J | R |

5. Prédis la couleur du 18ᵉ bloc en utilisant la méthode de Sally.
   NOTE : Commence en trouvant le cœur de la régularité.

   | R | J | J | J | R | J | J | J |

   Couleur : _____

1	2	3	4	5	6	7	8	9	10
11	12	13	14	15	16	17	18	19	20

6. Prédis la couleur du 19ᵉ bloc.

   | R | R | J | J | R | R | J | J |

   Couleur : _____

1	2	3	4	5	6	7	8	9	10
11	12	13	14	15	16	17	18	19	20

7. Prédis la couleur du 17ᵉ bloc.

   | R | R | J | J | J | R | R | J | J | J |

   Couleur : _____

1	2	3	4	5	6	7	8	9	10
11	12	13	14	15	16	17	18	19	20

8. Dessine un rectangle autour des blocs qui forment le <u>cœur</u>. Prédis la couleur du 35ᵉ bloc.

J	R	J	J	R	J	J	R	J

Couleur : _____

1	2	3	4	5	6	7	8	9	10
11	12	13	14	15	16	17	18	19	20
21	22	23	24	25	26	27	28	29	30
31	32	33	34	35	36	37	38	39	40

ENSEIGNANT :
Vos élèves auront besoin d'une copie du tableau de centaines qui se trouve dans le guide de l'enseignant.

9. Carl fait une régularité avec des perles rouges, vertes et bleues.

De quelle couleur sera la 41ᵉ perle?

10. Angie fait une régularité avec des triangles.

Est-ce que le 22ᵉ triangle pointera vers le haut ou vers le bas? Comment le sais-tu?

11. Quelle est la 31ᵉ pièce de monnaie dans cette régularité?

12. a) Quelle est la 15ᵉ pièce de monnaie dans cette régularité? Comment le sais-tu?

BONUS

b) Quelle est la valeur totale des 15 premières pièces de monnaie?
   INDICE : Essaie de regrouper les pièces ensemble au lieu de les additionner une à la fois.

PA4-18: Décrire et créer des régularités

Dans cette séquence, chaque nombre est plus grand que celui qui le précède : **7 , 8 , 10 , 15 , 21**
La séquence est toujours **croissante**.

Dans cette séquence, chaque nombre est plus petit que celui qui le précède : **25 , 23 , 18 , 11 , 8**
La séquence est toujours **décroissante**.

---

1. Écris le signe **+** dans le cercle pour montrer où la séquence est croissante.
   Écris un signe **−** pour montrer où la séquence est décroissante.

   a) 6 ⊕ 9 ⊖ 7 ⊕ 11
   b) 1 ◯ 5 ◯ 7 ◯ 2
   c) 10 ◯ 7 ◯ 6 ◯ 8

   d) 2 ◯ 5 ◯ 1 ◯ 7
   e) 5 ◯ 3 ◯ 9 ◯ 8
   f) 2 ◯ 5 ◯ 9 ◯ 12

   g) 2 ◯ 7 ◯ 4 ◯ 9
   h) 11 ◯ 15 ◯ 18 ◯ 13
   i) 18 ◯ 13 ◯ 11 ◯ 23

   j) 28 ◯ 36 ◯ 49 ◯ 52
   k) 17 ◯ 38 ◯ 29 ◯ 85
   l) 53 ◯ 64 ◯ 96 ◯ 98

2. Écris le signe **+** dans le cercle pour montrer où la séquence est croissante.
   Écris un signe **−** pour montrer où la séquence est décroissante. Écris ensuite …

   … un **A** après la séquence si elle est croissante.

   … un **B** après la séquence si elle est décroissante

   … un **C** après la séquence si elle est croissante et décroissante.

   a) 4 ⊕ 8 ⊖ 3 ⊕ 7   _C_
      2 ◯ 8 ◯ 9 ◯ 11   _____
      10 ◯ 9 ◯ 4 ◯ 1   _____

   b) 7 ◯ 5 ◯ 3 ◯ 2   _____
      8 ◯ 6 ◯ 3 ◯ 9   _____
      1 ◯ 4 ◯ 7 ◯ 11   _____

   c) 3 ◯ 4 ◯ 6 ◯ 8   _____
      8 ◯ 4 ◯ 2 ◯ 7   _____
      9 ◯ 5 ◯ 1 ◯ 0   _____

   d) 17 ◯ 14 ◯ 12 ◯ 10   _____
      20 ◯ 24 ◯ 15 ◯ 29   _____
      23 ◯ 29 ◯ 34 ◯ 40   _____

1. Trouve la <u>quantité</u> par laquelle la séquence <u>augmente</u> (croissante) ou diminue (décroissante).
   (Écris un nombre avec un signe **+** si la séquence augmente et un signe **–** si elle diminue.)

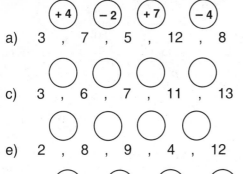

a) 3 , 7 , 5 , 12 , 8　　　　b) 2 , 5 , 4 , 8 , 5

c) 3 , 6 , 7 , 11 , 13　　　　d) 4 , 2 , 6 , 2 , 9

e) 2 , 8 , 9 , 4 , 12　　　　f) 18 , 15 , 11 , 13 , 12

g) 16 , 11 , 13 , 18 , 15　　　h) 28 , 31 , 24 , 31 , 38

2. Associe la séquence à la phrase qui la décrit.　Cette séquence ...

a) A　... augmente de 3 à chaque fois.
   B　... augmente de différentes quantités.

   ____　9 , 12 , 15 , 18 , 21

   ____　7 , 10 , 13 , 14 , 19

b) A　... augmente de 4 à chaque fois.
   B　... augmente de différentes quantités.

   ____　6 , 10 , 14 , 17 , 21

   ____　5 , 9 , 13 , 17 , 21

c) A　... diminue de 5 à chaque fois.
   B　... diminue de différentes quantités.

   ____　35 , 30 , 25 , 20 , 15

   ____　30 , 25 , 20 , 15 , 5

d) A　... diminue de différentes quantités.
   B　... diminue de la même quantité.

   ____　10 , 9 , 8 , 6 , 5

   ____　11 , 10 , 9 , 8 , 7

BONUS

e) A　... augmente de 5 à chaque fois.
   B　... diminue de différentes quantités.
   C　... augmente de différentes quantités.

   ____　17 , 22 , 28 , 32 , 34

   ____　17 , 14 , 10 , 9 , 6

   ____　14 , 19 , 24 , 29 , 34

f) A　... augmente et diminue.
   B　... augmente de la même quantité.
   C　... diminue de différentes quantités.
   D　... diminue de la même quantité.

   ____　21 , 19 , 15 , 13 , 9

   ____　10 , 13 , 9 , 7 , 5

   ____　19 , 17 , 15 , 13 , 11

   ____　9 , 12 , 15 , 18 , 21

3. Écris une règle pour chaque régularité. Utilise les mots <u>additionne</u> et <u>soustrais</u>, et assure-toi de dire à quel nombre commence la régularité.

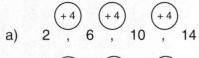

a)　2　,　6　,　10　,　14　　　　Commence à 2, additionne 4 _____

b)　3　,　5　,　7　,　9　　　　_____

c)　19　,　16　,　13　,　10　　　_____

4. Écris une règle pour chaque régularité.
   NOTE : Une des séquences n'a pas de règle – essaie de la trouver.

a)　8　,　11　,　14　,　17　　　_____

b)　14　,　10　,　6　,　2　　　_____

c)　25　,　21　,　18　,　17　,　11　　_____

d)　61　,　65　,　69　,　73　　_____

5. Décris chaque régularité en disant si elle <u>augmente</u>, <u>diminue</u> ou <u>se répète</u>.

a)　1 , 4 , 7 , 10 , 13 , 16 　_____　　b)　1 , 5 , 8 , 1 , 5 , 8 　_____

c)　9 , 8 , 7 , 6 , 5 , 4 　_____　　d)　2 , 4 , 6 , 8 , 10 , 12 　_____

e)　3 , 8 , 3 , 8 , 3 , 8 　_____　　f)　21 , 16 , 10 , 7 , 5 , 1 　_____

6. Écris les cinq premiers nombres dans chacune des régularités suivantes.

   a) Commence à 6, additionne 3　b) Commence à 26, soustrais 4　c) Commence à 39, additionne 5

7. Crée, avec des nombres, une régularité croissante ou décroissante. Écris la règle de ta régularité.

8. Crée une régularité répétitive avec des … a) lettres　　b) formes　c) nombres

9. Crée une régularité et demande à un(e) ami(e) de trouver la règle de ta régularité.

1.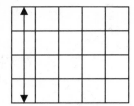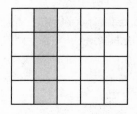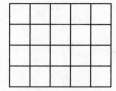

Les colonnes vont de haut en bas.

Les colonnes sont numérotées de gauche à droite (dans cet exercice).

La 2ᵉ colonne est coloriée.

Colorie ...

a) 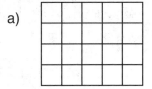 b) 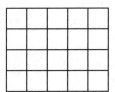 c) 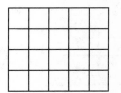 d)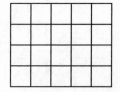

la 1ᵉʳᵉ colonne.

la 5ᵉ colonne.

la 3ᵉ colonne.

la 4ᵉ colonne.

2.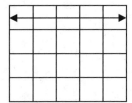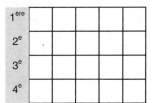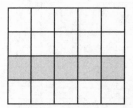

Les rangées vont de côté.

Les rangées sont numérotées de haut en bas (dans cet exercice).

La 3ᵉ rangée est coloriée.

Colorie ...

a) 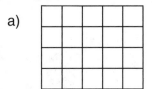 b) 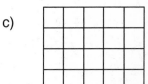 c) d)

la 2ᵉ rangée.

la 4ᵉ rangée.

la 1ᵉʳᵉ rangée.

la 3ᵉ rangée.

3. Colorie ...

a)

2	4	6
8	10	12
14	16	18

la 2ᵉ rangée.

b)

2	4	6
8	10	12
14	16	18

la 1ᵉʳᵉ colonne.

c)

2	4	6
8	10	12
14	16	18

la 3ᵉ colonne.

d)

2	4	6
8	10	12
14	16	18

les diagonales
(une est déjà coloriée).

 4. Décris les régularités pour les nombres que tu as coloriés à la question 3.

Les régularités et l'algèbre 2

Décris les régularités que tu vois dans les tableaux suivants.
(n'oublie pas de regarder horizontalement, verticalement et
diagonalement). Tu devrais utiliser les mots « rangées »,
« colonnes », et « diagonales » dans tes réponses.

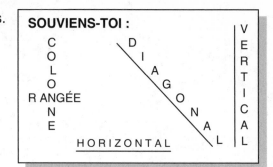

5.

2	4	6
4	6	8
6	8	10

6.

12	15	18	21
9	12	15	18
6	9	12	15
3	6	9	12

7. Complète la table de multiplication.

×	1	2	3	4	5	6
1	1	2				
2		4				
3		6				
4						
5						
6						

a) Décris les régularités que tu vois dans les rangées, les
colonnes et les diagonales dans le tableau :

b) Chaque nombre de la 3e rangée du tableau est la somme des nombres des deux rangées
précédentes. Peux-tu trouver un autre lien entre les rangées et les colonnes du tableau?

PA4-21: Les régularités à 2 dimensions (avancé)

1. Place les lettres A, B, et C de sorte que chaque rangée et chaque colonne ait exactement un A, un B, et un C peu importe l'ordre.

2. Place les lettres A, B, et C de sorte que chaque rangée et colonne ait exactement deux A et deux B.

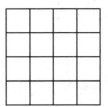

3.

Rangée 1	L	R	T	T	L
Rangée 2	R	T	T		
Rangée 3					
Rangée 4					
Rangée 5					
Rangée 6					
Rangée 7					

Un jardinier plante des roses (R), des lys (L), et des tulipes (T) en rangées, comme dans la régularité montrée à gauche.

a) Complète le tableau

b) Dans quelle rangée la régularité de la deuxième rangée sera-t-elle répétée?

_____

 4. a) Colorie tous les trois carrés sur un tableau de centaines. **(Ce sont des multiples de 3.)** Peux-tu décrire la position des carrés que tu as coloriés?

b) Fais un 'X' sur tous les cinq carrés dans le même tableau. **(Ce sont des multiples de 5.)**

c) Écris les nombres entre 1 et 100 qui sont des **multiples** de 3 et de 5. Décris la régularité parmi les chiffres des dizaines et des unités de ces nombres

5. Les « multiples de 3 » sont des nombres qui sont « divisibles par 3 ».

Complète le tableau ci-dessous en insérant les nombres entiers entre 1 et 20 dans les bonnes cases.

	Moins de 11	Plus grand ou égal à 11
Divisible par 3		
Non divisible par 3		

6. Voici des pyramides de nombres :

Peux-tu trouver la règle des régularités de ces pyramides? Décris-la ci-dessous.

7. Utilise la règle que tu as décrite à la question 6 pour trouver les nombres qui manquent.

a) 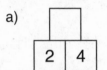   b)   c) 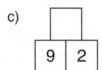   d)   e)

f) 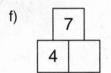   g) 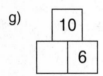   h) 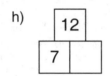   i) 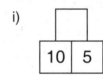   j)

k) 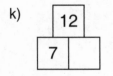   l)   m)   n) 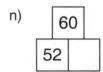   o)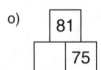

BONUS

p) 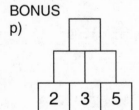   q) 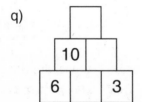   r)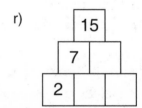

s) 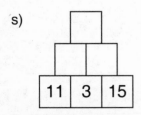   t) 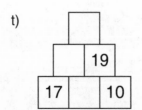   u)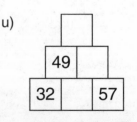

ENSEIGNANT :
Vos élèves auront chacun besoin de deux copies de la fiche reproductible du calendrier dans le guide de l'enseignant.

Les mois qui ont 31 jours :   **janvier, mars, mai, juillet, aout, octobre, décembre.**
Les mois qui ont 30 jours :   **avril, juin, septembre, novembre.**
Le mois qui a 28 jours :   **février (dans une année bissextile, février a 29 jours).**

- -

1. a) Écris le titre « décembre » sur un calendrier vide. Écris les nombres des jours afin que le 1er décembre soit un mercredi.

    b) Rona a une leçon de guitare à tous les <u>quatre</u> jours du mois en commençant le 4 décembre. Fais un 'X' sur les jours pendant lesquels elle a une leçon de guitare.

2. Le 1er avril est un dimanche.

    Huyan reçoit une allocation de 5 $ à tous les mardis.

    Combien d'argent a-t-il à la fin du mois? _____

3. Le premier octobre est un mardi.

    Alex a une leçon de piano à tous les 6 jours du mois en commençant le 6 octobre.

    Dan a une leçon à tous les vendredis.

    A quelles dates auront-ils tous deux une leçon la même journée? _____

4. Complète le calendrier pour un mois de ton choix. Colorie les nombres d'une des colonnes.

Mois: _____

dimanche	lundi	mardi	mercredi	jeudi	vendredi	samedi

a) Quelle régularité vois-tu? Écris une règle pour la régularité.

_____

b) Regarde une autre colonne. Comment expliques-tu ce que tu vois?

_____

Les régularités et l'algèbre 2

PA4-23: Les régularités dans la table de multiplication de deux

1. Dans un tableau de centaines, colorie les **multiples** de 2 (les nombres que tu dis quand tu comptes par 2 2, 4, ...).

2. Quelles régularités vois-tu dans les <u>positions</u> des multiples de deux?

   Utilise des mots comme *rangées*, *colonnes* ou *diagonales* dans ta réponse.

3. Regarde les <u>chiffres des unités</u> des multiples de deux dans la troisième rangée du tableau de centaines.

21	2**2**	23	2**4**	25	2**6**	27	2**8**	29	3**0**

   Souligne les chiffres des unités des multiples de deux d'une autre rangée. Que remarques-tu?

4. Comment peux-tu savoir, sans compter, si un nombre entre 1 et 100 est un multiple de deux?

5. On appelle les multiples de deux (incluant zéro) des nombres **pairs**. Encercle les nombres pairs.

   7   3   18   32   21   76   30   89   94   67   15   82

6. Les nombres qui ne sont <u>pas</u> des multiples de deux sont des nombres **impairs**. Encercle les nombres impairs.

   5   75   60   37   44   68   83   92   100

7. Choisis un nombre <u>pair</u>. Additionne deux à ton nombre. Quel genre de nombre obtiens-tu? Pair ou impair? Obtiendras-tu toujours le même résultat?

PA4-24: Les régularités dans la table de multiplication de cinq

1. Dans un tableau de centaines, colorie les **multiples** de 5 (les nombres que tu dis quand tu comptes par 5).

2. Quelles régularités vois-tu dans les <u>positions</u> des multiples de cinq?
   Utilise les mots *rangées*, *colonnes*, ou *diagonales* dans ta réponse.

3. Regarde les <u>chiffres des unités</u> des multiples de cinq dans la quatrième rangée du tableau de centaines.

31	32	33	34	3**5**	36	37	38	39	4**0**

   Regarde ensuite les chiffres des unités des multiples de cinq dans une autre rangée. Que remarques-tu?

4. Comment peux-tu dire, sans compter, si un nombre entre 1 et 100 est un multiple de cinq?

5. Encercle les nombres qui sont des multiples de cinq.

   8   16   45   27   60   62   90   85   11   25   50   37

6. Les multiples de 5 sont-ils tous pairs? Explique.

7. Encercle les multiples de 5.

   203   205   217   225   385   426   589   755   931

jump math
MULTIPLYING POTENTIAL

Les régularités et l'algèbre 2

PA4-25: Les régularités dans la table de multiplication de huit

1. Dans un tableau de centaines, colorie les **multiples** de 8 (les nombres que tu dis en comptant par 8).

2. Complète :

Écris les **cinq premiers** multiples de huit ici (en ordre croissant).

0	8
1	6
__	__
__	__
__	__

Écris les **cinq prochains** multiples de huit ici.

__	__
__	__
__	__

↑   ↑

Regarde les colonnes qui sont marquées par des flèches. Quelles régularités vois-tu?

3. Quelles régularités vois-tu dans les nombres des dizaines?

ENSEIGNANT :
Révisez les réponses des questions 2 et 3 ci-dessus avant de permettre à vos élèves de continuer.

4. Utilise la régularité que tu as trouvée aux questions 2 et 3 pour écrire les multiples de 8, de 88 à 160.

__ __   __ __ __

__ __   __ __ __

__ __ __   __ __ __

__ __ __   __ __ __

__ __ __   __ __ __

PA4-26: Les régularités dans les tables de multiplication (avancé)

ENSEIGNANT :
Révisez les diagrammes de Venn avec vos élèves avant de procéder à la question suivante.

1. a) Place les nombres suivants dans le diagramme de Venn. (Le premier est déjà fait pour toi.)

10	25	15	37	86	49	5	79	24
50	6	17	61	40	36	65	8	96

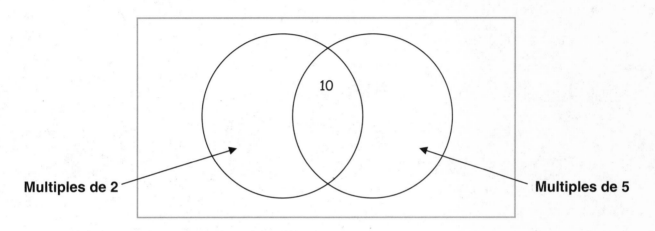

b) Pense à deux nombres de 50 à 100 qui peuvent aller dans le milieu du diagramme : _____, _____

c) Pense à deux nombres de 50 à 100 qui ne peuvent pas aller dans aucun des cercles : _____, _____

2. Place les nombres suivants dans le diagramme de Venn.

32	40	57	24	25	80	62	17	16
56	60	35	48	8	75	72	30	5

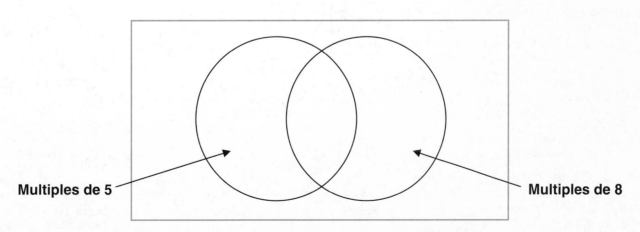

PA4-27: Les régularités avec des écarts croissants et décroissants

1. Dans les séquences ci-dessous, les écarts entre les nombres sont croissants ou décroissants. Vois-tu une régularité dans la façon dont les écarts changent?
    Utilise la régularité pour continuer la séquence.

a) 2 , 4 , 7 , 11 , ___ , ___

b) 3 , 4 , 6 , 9 , 13 , ___ , ___

c) 11 , 14 , 19 , 26 , ___ , ___

d) 6 , 8 , 12 , 18 , 26 , ___ , ___

e) 17 , 16 , 14 , 11 , ___ , ___

f) 32 , 30 , 26 , 20 , ___ , ___

g) 31 , 30 , 27 , 22 , ___ , ___

h) 110 , 105 , 95 , 80 , 60 , ___ , ___

2. Complète le tableau en T pour la 3e et 4e forme.

    Utilise ensuite la régularité dans les écarts pour prédire le nombre de carrés foncés dans les 5e et 6e formes.

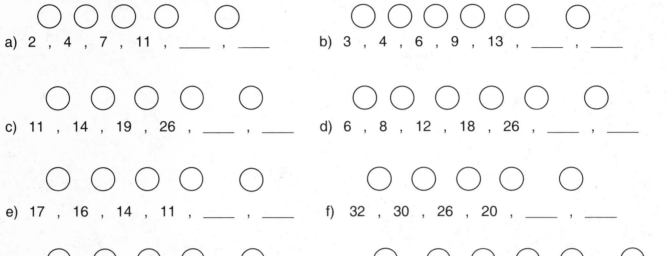

Forme	Nombre de carrés
1	1
2	4
3	
4	
5	
6	

Écris le nombre de carrés ajoutés à chaque fois ici.

3. Fais un tableau en T et prédis combien de carrés tu auras besoin dans la 5e forme.

Forme 1

Forme 2

Forme 3

PA4-28: Les régularités avancées

1. Ahmed a écrit une régularité en commençant avec 2.

   2 , 4 , 8 , 16 , _____ , _____ , _____ , _____

   a) Par quel nombre Ahmed a-t-il multiplié chaque nombre pour avancer au suivant? _____

   b) Continue la régularité d'Ahmed.

   c) Trouve l'écart entre les nombres. Que remarques-tu? _____

2. Olivia et Krishna ont économisé les montants dans le tableau ci-dessous.

Semaine	Olivia	Krishna
1	1 $	15 $
2	2 $	20 $
3	4 $	25 $
4	8 $	30 $
5		
6		
7		

   a) Quelle est la règle de la régularité pour le montant économisé par Krishna? _____

   b) Quelle est la règle de la régularité pour le montant économisé par Olivia?_____

   c) Qui économisera le plus d'argent à la fin des sept semaines?_____

   d) Continue les régularités dans le tableau.

      Avais-tu raison? _____

3.   **3 , 6 , 4 , 7 , 5 , 8 , _____ , _____ , _____**

   a) Décris comment change l'écart dans la régularité ci-dessus._____

   _____

   b) Remplis les espaces vides pour continuer la régularité.

4. Construis un tableau en T pour trouver combien de points
   il y aura dans la 6ᵉ illustration.

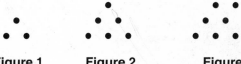

   Figure 1   Figure 2   Figure 3

5. Jane court pendant 10 minutes lundi.

   Elle s'entraine 2 minutes de plus à chaque jour.

   Pendant combien de minutes a-t-elle couru en tout pendant les quatre premiers jours?

1. Fais une addition ou une multiplication pour compléter les tableaux suivants.

   SOUVIENS-TOI : Il y a 60 secondes dans une minute, 52 semaines dans une année, et 365 jours dans une année.

a)

Minutes	Secondes
1	60
2	
3	
4	
5	

b)

Années	Semaines
1	52
2	
3	
4	

c)

Années	Jours
1	365
2	
3	
4	

2. Il y a 12 mois dans une année.

   Combien de mois y a-t-il dans 4 années?

3. Le cœur d'un lapin bat à 200 battements par minute.

   Combien de fois va-t-il battre en 5 minutes?

4. Une bernache peut parcourir 1500 km en 2 jours en volant.

   Sur quelle distance peut-elle voler en 6 jours?

5. Miguel gagne 18 $ pour sa première heure de travail.

   Il gagne 16 $ pour toutes les heures qui suivent.

   Combien gagnera-t-il en 5 heures de travail?

6. La comète de Halley revient vers la Terre à tous les 76 ans. Elle est passée prés de notre planète en 1986.

   Fais une liste des trois prochaines dates de son retour vers la Terre.

7. Utilise la multiplication ou une calculatrice pour trouver les premières réponses (produits). Cherche une régularité dans les réponses. Sers-toi de cette régularité pour répondre aux autres questions.

a) $999 \times 2 =$ _____

   $999 \times 3 =$ _____

   $999 \times 4 =$ _____

   _____ = _____

   _____ = _____

b) $6 \times 9 =$ _____

   $6 \times 99 =$ _____

   $6 \times 999 =$ _____

   _____ = _____

   _____ = _____

BONUS

8. Peux-tu découvrir, avec une calculatrice, une régularité comme celle de la question 7?

1. Il y a des pommes dans une boîte et d'autres en dehors de la boîte. On te montre le nombre total de pommes. Dessine les pommes qui manquent dans la boîte.

a)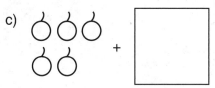

   nombre total de pommes

b)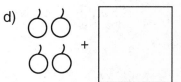

c)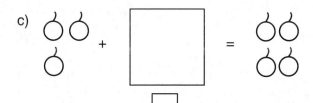

   nombre total de pommes

d)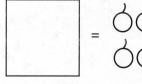

2. Dessine les pommes qui manquent dans les boîtes. Écris une équation représentant l'image.

a)

   $\underline{\quad 6 \quad} = \underline{\quad 4 \quad} + \boxed{2}$

b)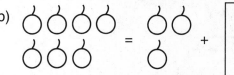

   $\underline{\qquad} = \underline{\qquad} + \boxed{}$

c)

   $\underline{\qquad} + \boxed{} = \underline{\qquad}$

d)

   $\underline{\qquad} + \boxed{} = \underline{\qquad}$

3. Écris une équation pour chaque situation. (Utilise une boîte pour représenter la quantité inconnue.)

   a) Il y a 8 pommes en tout.
   Six sont en dehors de la boîte.
   Combien y en a-t-il à l'intérieur?

   $8 = 6 + \boxed{}$

   b) Il y a 10 pommes en tout.
   Quatre sont en dehors de la boîte.
   Combien y en a-t-il à l'intérieur?

   c) Il y a 9 balles en tout. 4 sont à l'extérieur du sac.
   Combien y en a-t-il à l'intérieur?

   d) Il y a 5 enfants dans un arbre. 3 d'entre eux sont dans une cabane dans l'arbre.
   Combien y en a-t-il à l'extérieur?

   e) Il y a 5 enfants dans un parc. 2 d'entre eux sont à la piscine. Combien d'enfants ne sont pas à la piscine?

   f) Rena a 10 timbres. 4 sont canadiens. Combien de timbres sont d'un autre pays?

   g) Il y a 12 élèves dans une classe. 5 sont des filles.
   Combien y a-t-il de garçons?

   h) Une ligne au hockey a 5 joueurs. 3 jouent à l'avant.
   Combien jouent à la defense?

1. Sam a pris des pommes de la boîte. Montre combien de pommes il y avait dans la boîte avant.

a)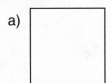

Sam a pris
cette quantité.   Il reste
cette quantité

b)

c)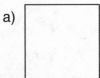

d)

2. Montre combien de pommes il y avait dans la boîte au début. Écris une équation pour le montrer.

a)

☐   –   3   =   4

b)

3. Dans les équations ci-dessous, $2 \times \square$, est une façon de montrer ce qu'il y a dans deux boîtes identiques. Montre combien de pommes il y a dans chaque boîte.

a) $2 \times \boxed{3} =$

b) $2 \times \square =$

c) $3 \times \square =$

d) $3 \times \square =$

e) $4 \times \square =$

f) $2 \times \square =$

4. Écris une équation pour chaque situation.

a) Tom prend 3 pommes d'une boîte. Il reste 2 pommes. Combien de pommes y avait-il dans la boîte?

b) Sarah prend 3 œufs d'un carton. Il reste 5 œufs. Combien d'œufs y avait-il dans le carton?

c) Ed a 15 pommes dans 3 boîtes. Chaque boîte contient le même nombre de pommes. Combien de pommes y a-t-il dans la boîte?

5. Écris un problème pour chaque équation.

a) $\square + 2 = 5$

b) $\square - 4 = 6$

c) $3 \times \square = 12$

Les régularités et l'algèbre 2

1. Trouve le nombre qui rend l'équation vraie (devine et vérifie). Écris-le dans la boîte.

   a) ☐ + 2 = 7   b) ☐ + 2 = 8   c) ☐ + 2 = 10   d) ☐ + 5 = 9

   e) 9 – ☐ = 6   f) ☐ – 2 = 7   g) 17 – ☐ = 15   h) 8 – ☐ = 2

   i) 2 × ☐ = 10   j) 5 × ☐ = 15   k) 3 × ☐ = 12

   NOTE : Pour l), m), et n) ci-dessous, il y a deux boîtes qui ont la même réponse.

   l) ☐ + ☐ = 8   m) ☐ + ☐ = 6   n) ☐ + ☐ + 3 = 13

2. Trouve un ensemble de nombres qui rendent l'équation vraie. Toutes les questions ont plus d'une réponse. **NOTE : Dans chacune de ces questions, chaque forme différente représente un seul nombre.**

   a) ☐ + ☐ + ◯ = 7   b) ☐ + ☐ + ◯ = 8

3. Trouve deux réponses différentes pour les équations ci-dessous.

   ☐ + ☐ + ◯ = 5   ☐ + ☐ + ◯ = 5

4. Complète les régularités.

   a) 10 + [1] = ◯   b) 10 – [1] = ◯   c) 10 × [1] = ◯
      10 + [2] = ◯   10 – [2] = ◯   10 × [2] = ◯
      10 + [3] = ◯   10 – ☐ = ◯   10 × ☐ = ◯
      10 + ☐ = ◯   10 – ☐ = ◯   10 × ☐ = ◯

5. Pour chaque régularité à la question 4, décris comment le nombre dans le cercle change quand le nombre dans la boîte augmente de un.

6.   Paul lance 3 dards et marque 8 points.
      Le dard dans le cercle du centre vaut plus que les autres.
      Chaque dard dans le cercle extérieur vaut plus d'un point.

      Combien chaque dard vaut-il?

      **INDICE : Comment une équation comme celle de la question 2 b) peut-elle
      t'aider à résoudre ton problème?**

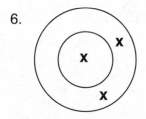

PA4-33: Problèmes et énigmes

Complète les questions ci-dessous dans ton cahier de notes. Montre tout ton travail.

1.

Dessin 1   **Dessin 2**   **Dessin 3**

Combien de triangles y aura-t-il dans le 6e dessin?

2. Sue fait des décorations en utilisant des triangles et des carrés.
Elle a 12 carrés.

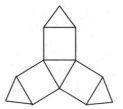

   a) De combien de triangles aura-t-elle besoin pour faire des
   décorations avec les 12 carrés?

   b) Comment as-tu résolu le problème? As-tu utilisé un tableau en T? Une image? Un modèle?

3.    Hank doit grimper 7 murs dans une course à obstacles.
Le premier mur est à 200 mètres du départ.
Chaque mur qui suit est à 50 m du mur précédant.
Le 5e mur est à quelle distance du départ?

4. Continue les régularités.

   a) [figure] _____ _____

   b) K Q A 10 K Q A _____ _____ _____

   c) 001, 010, 100, 001, _____ , _____ , _____

   d) 000, 001, 011, 111, 000, _____ , _____ , _____

   e) 010, 020, 030, 010, _____ , _____ , _____

   f) AA, AB, AC, AD, _____ , _____ , _____ , _____

   g) M O M M O M M O M _____ _____ _____

   h) 2 T 22 T 222 _____ _____ _____

5. Quelle stratégie utiliserais-tu pour trouver la 23ᵉ forme dans cette régularité? Quelle est la forme?

6. Trouve le nombre mystère.

   a) Je suis plus grand que 21 et plus petit que 26. Je suis un multiple de 3. Qui suis-je?

   b) Je suis plus grand que 29 et plus petit que 33. Je suis un multiple de 4. Qui suis-je?

   c) Je suis plus petit que 15. Je suis un multiple de 3 <u>et</u> un multiple de 4. Qui suis-je?

7. Continue chaque régularité.

   a) 3427 , 3527 , 3627 , _____ , _____ , _____

   b) 4234 , 5235 , 6236 , _____ , _____ , _____

   c) 1234 , 2345 , 3456 , _____ , _____ , _____

8. Sam et Kiana montent 12 marches avec des souliers pleins de boue.

   a) Sam met un pied sur toutes les 3 marches et Kiana met un pied sur toutes les 4 marches. Quelles marches vont avoir la trace des deux pieds?

   b) Si Sam met le pied droit sur la 3ᵉ marche, sur quelle marche mettra-t-il son pied gauche?

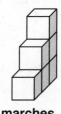

9. Toutes les 2 personnes qui viennent à une vente de livres reçoivent un stylo gratuit. Toutes les 3 personnes reçoivent un livre gratuit.

   Laquelle des 15 premières personnes recevront un stylo <u>et</u> un livre gratuits?

10. Emma construit des escaliers avec des blocs de pierres.

   Combien de blocs aura-t-elle besoin pour faire un escalier ayant 6 marches?

1 marche   **2 marches**   **3 marches**

NS4-52: Les ensembles

Élisa a 12 verres d'eau. Un plateau peut contenir 3 verres.

Il y a 4 plateaux.

Qu'est-ce qui a été partagé ou divisé en <u>ensembles</u> ou <u>groupes</u>?   *(des verres)*

Combien d'ensembles y a-t-il?   *(Il y a 4 ensembles de verres.)*

Combien d'objets divisés sont dans chaque ensemble?   *(Il y a 3 verres dans chaque ensemble.)*

- -

1. a)

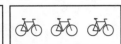

Qu'est-ce qui est divisé ou partagé en ensembles?

_____

Combien y a-t-il d'ensembles? _____

Combien dans chaque ensemble? _____

   b)

Qu'est-ce qui est divisé ou partagé en ensembles?

_____

Combien y a-t-il d'ensembles? _____

Combien dans chaque ensemble? _____

2. Utilise des cercles pour les <u>ensembles</u> et des points pour les <u>objets</u> et fais un dessin pour montrer…

   a) 4 ensembles
       6 objets dans chaque ensemble

   b) 6 ensembles
       3 objets dans chaque ensemble

   c) 6 ensembles
       2 objets dans chaque ensemble

   d) 4 ensembles
       5 objets dans chaque ensemble

3.

	Qu'est-ce qui est partagé ou divisé en ensembles?	Combien d'ensembles?	Combien par ensemble?

a) 20 jouets
    4 jouets par enfant
    5 enfants
	20 jouets	5	4

b) 7 amis
    21 crayons
    3 crayons pour chaque ami			

c) 16 élèves
    4 pupitres
    4 élèves par pupitre			

d) 8 plantes
    24 fleurs
    3 fleurs sur chaque plante			

e) 6 pamplemousses par boîte
    42 pamplemousses
    7 boîtes			

f) 3 autobus scolaires
    30 enfants
    10 enfants dans chaque autobus			

g) 6 chiots dans chaque litière
    6 litières
    36 chiots			

BONUS

4. Fais un dessin pour les questions 3 a), b), et c) en utilisant des <u>cercles</u> pour les ensembles et des <u>points</u> pour ce qui est divisé.

Logique numérale 2

Kate veut partager 16 biscuits avec 3 de ses amies.
Elle place 4 assiettes (une pour elle et une pour chacune de ses amies).

Elle met un biscuit à la fois dans chaque assiette :

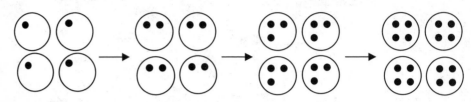

Chaque assiette peut contenir un **ensemble** (ou groupe) de 4 biscuits.
Quand Kate **divise** (ou partage également) 16 biscuits en 4 ensembles, il y a 4 biscuits **dans chaque ensemble**.

- -

1. Place un nombre égal de biscuits dans chaque assiette. Dessine des cercles pour les assiettes et des points pour les biscuits. (Dessine les assiettes et places-y un biscuit à la fois).

   a) 12 biscuits; 3 assiettes

   b) 16 biscuits; 4 assiettes

2. Fais des points pour les choses qui sont partagées ou divisées également. Fais des cercles pour les ensembles.

   a) 2 voitures; 8 personnes
      Combien de personnes dans chaque voiture?

   b) 3 enfants; 9 autocollants
      Combien d'autocollants pour chaque enfant?

   c) 20 fleurs; 5 plantes
      Combien de fleurs par plante?

   d) 12 oranges; 6 boîtes
      Combien d'oranges dans chaque boîte?

3. 5 amis partagent 20 cerises également. Chaque ami a combien de cerises?

4. Eileen partage 12 autocollants avec ses 3 amies. Chaque amie reçoit combien d'autocollants?

5. Il y a 16 pommes dans 8 arbres. Combien y a-t-il de pommes dans chaque arbre?

Saud a 30 pommes. Il veut en donner 5 à chacun de ses amis.

Pour trouver à combien d'amis il peut donner des pommes, il compte des **ensembles** ou des **groupes** de 5 pommes jusqu'à ce qu'il ait utilisé les 30 pommes.

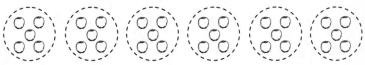

Il peut donner des pommes à 6 amis. Quand 30 pommes sont divisées en ensembles de 5 pommes, il y a 6 ensembles.

---

1. Mets le bon nombre de points dans chaque ensemble. Le premier est déjà fait pour toi.

   a)

   4 points par ensemble

   b) • • • • • • • • • •

   5 points par ensemble

   c) • • • • • • • • • • • •

   3 points par ensemble

2. Fais des cercles et divise ces matrices en …

   a) groupes de 3

   b) groupes de 4

   c) groupes de 3

   d) groupes de 4

   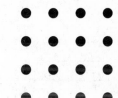

3. Fais des points pour les choses qui doivent être partagées ou divisées de façon égale. Fais des cercles pour les ensembles.

   a) 15 pommes; 5 pommes par boîte.
      Combien de boîtes?

      _____ boîtes

   b) 10 autocollants; 2 autocollants par enfant.
      Combien d'enfants?

      _____ enfants

4. Shelly a 18 biscuits. Elle donne 3 biscuits à chacune de ses soeurs.
   Combien de soeurs a-t-elle?

5. Vinaya a 14 timbres. Il met 2 timbres sur chaque enveloppe.
   Combien d'enveloppes a-t-il?

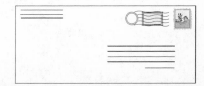

Logique numérale 2

Samuel a 15 biscuits. Il a deux façons de partager ou diviser les biscuits également :

I　• Il peut décider combien d'<u>ensembles</u> (ou <u>groupes</u>) de biscuits il veut faire.

Par exemple :

Samuel veut faire 3 ensembles de biscuits. Il fait 3 cercles :

Il met un biscuit à la fois dans les cercles jusqu'à ce qu'il ait placé les 15 biscuits.

II　• Il peut décider combien de biscuits il veut mettre dans <u>chaque ensemble</u>.

Par exemple :

Samuel veut mettre 5 biscuits par ensemble. Il compte 5 biscuits :

Il compte des ensembles de 5 biscuits jusqu'à ce qu'il ait placé les 15 biscuits.

----

1. Partage **20** points également. Combien de points y a-t-il par ensemble? **INDICE : Place un point à la fois.**

   a) 4 ensembles :

   Il y a _____ points par ensemble

   b) 5 ensembles :

   Il y a _____ points par ensemble.

2. Partage les triangles également parmi les ensembles. **INDICE : Place un triangle à la fois.**

   a)

   b)

3. Partage les carrés également parmi les ensembles.

4. Regroupe les lignes afin qu'il y ait 3 lignes par ensemble.

   a) | | | | | | | | |　　b) | | | | | | | | | | | |　　c) | | | | | |

   Il y a _____ ensembles.　　Il y a _____ ensembles.　　Il y a _____ ensembles.

5. Regroupe **12** points afin qu'il y ait …
   a) 6 points par ensemble.　　　　b) 4 points par ensemble.

6. Écris ce que tu sais dans chaque cas. Fais un point d'interrogation si tu ne sais pas la réponse.

	Qu'est-ce qui a été partagé ou divisé?	Combien d'ensembles?	Combien par ensemble?
a) Vanessa a 25 crayons. Elle met 5 crayons dans chaque boîte.	25 crayons	?	5
b) Il y a 30 enfants dans 10 bateaux.	30 enfants	10	?
c) Ben a 36 autocollants. il en donne 9 à chacun de ses amis.			
d) Donald a 12 livres. Il en met 3 par étagère.			
e) Il y a 15 filles à 3 tables.			
f) Il y a 30 enfants dans 2 autobus.			
g) 3 enfants se partagent 9 barres de fruits.			
h) Il y a 15 chaises en 3 rangées.			
i) Il y a 4 œufs par panier. Il y a 12 œufs en tout.			

7. Fais un dessin en utilisant des points et des cercles pour résoudre chaque question.

a) 15 points; 5 ensembles

_____ points dans chaque ensemble

b) 16 points; 8 points dans chaque ensemble

_____ ensembles

c) 15 points; 5 points dans chaque ensemble

_____ ensembles

d) 8 points; 4 ensembles

_____ points dans chaque ensemble

e) 10 enfants dans 2 bateaux.

Combien d'enfants y a-t-il dans chaque bateau?
_____

f) Paul a 12 crayons.
Il met 3 crayons dans chaque boîte.

Combien de boîtes a-t-il? _____

g) 4 garçons se partagent 12 billes.

Combien de billes chaque garçon reçoit-il? _____

h) Pamela a 10 pommes.
Elle donne 2 pommes à chacune de ses amies.

Combien d'amies reçoivent des pommes? _____

i) 6 enfants font de la voile dans 2 bateaux.

Combien d'enfants y a-t-il par bateau? _____

j) Alan a 10 autocollants.
Il en met 2 sur chaque page.

Combien de pages utilise-t-il? _____

NS4-56: La division et l'addition

Chaque énoncé de **division** implique un énoncé d'**addition**.

Par exemple, l'énoncé « 15 divisé en ensembles de 3 donne 5 ensembles » est équivalent
à l'énoncé « additionner 3 cinq fois donne 15 ».

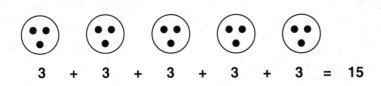

3   +   3   +   3   +   3   +   3   =   15

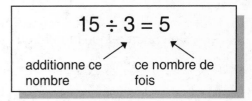

$$15 \div 3 = 5$$

additionne ce nombre   ce nombre de fois

Alors on peut dire que l'énoncé de division 15 ÷ 3 = 5 veut dire « additionne trois cinq fois ».

- -

1. Fais un dessin et écris un énoncé d'<u>addition</u> pour chaque énoncé de <u>division</u>, comme dans a).

   a) $8 \div 2 = 4$ b) $10 \div 5 = 2$ c) $8 \div 4 = 2$

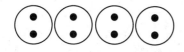

   _____2 + 2 + 2 + 2 = 8_____   _____   _____

2. Fais un dessin et écris un énoncé de <u>division</u> pour chaque énoncé d'<u>addition</u>.

   a) $4 + 4 + 4 = 12$ b) $7 + 7 + 7 = 21$

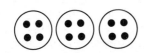

   _____$12 \div 4 = 3$_____   _____

   c) $6 + 6 + 6 = 18$ d) $8 + 8 = 16$

   _____   _____

   e) $3 + 3 + 3 + 3 = 12$ f) $9 + 9 = 18$

   _____   _____

1. Tu peux résoudre le problème de division **15 ÷ 3 = ?** en comptant par bonds sur la droite numérique.

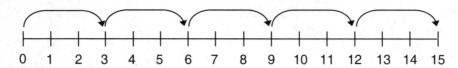

La droite numérique montre que tu as besoin de faire 5 bonds de 3 pour te rendre à 15 :

$$3 + 3 + 3 + 3 + 3 = 15 \quad \text{donc ...} \quad 15 ÷ 3 = 5$$

Utilise la droite numérique pour trouver la solution de l'énoncé de division. (Fais des flèches pour montrer les bonds.)

a)

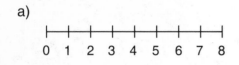

8 ÷ 2 = _____

b)

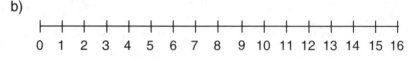

16 ÷ 8 = _____

2. Quel énoncé de division est représenté par les dessins ci-dessous?

a)

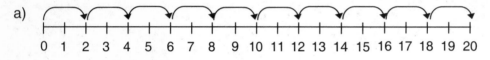

_____

b)

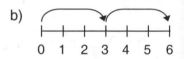

_____

3. Tu peux aussi trouver la réponse à une question de division en comptant par bonds sur tes doigts.

   Exemple : Pour trouver **45 ÷ 9,** compte par 9 jusqu'à ce que tu te rendes à 45

   Le nombre de doigts encore levés quand tu arrêtes est la réponse.

45 ÷ 9

9   18   27   36   45

Donc 45 ÷ 9 = 5

   Trouve les réponses en comptant par bonds sur tes doigts.

   a) 14 ÷ 2 = _____   b) 18 ÷ 6 = _____   c) 24 ÷ 8 = _____   d) 21 ÷ 7 = _____   e) 35 ÷ 5 = _____

   f) 45 ÷ 5 = _____   g) 32 ÷ 4 = _____   h) 40 ÷ 5 = _____   i) 24 ÷ 3 = _____   j) 16 ÷ 4 = _____

   k) 36 ÷ 9 = _____   l) 28 ÷ 7 = _____   m) 12 ÷ 3 = _____   n) 18 ÷ 3 = _____   o) 35 ÷ 7 = _____

4. Sept amis se partagent 28 billets pour un concert. Chaque ami reçoit combien de billets?

5. 30 étudiants sont assis dans 6 rangées. Combien d'étudiants y a-t-il par rangée?

NS4-58: Les deux significations de la division

Daniel a acheté 12 poissons :

Daniel a 4 bocaux à poissons. Combien de poissons peut-il mettre dans chaque bocal? Daniel compte par 4 pour savoir :

« J'en mets un dans chaque bocal. » *(il y en 4)*

« J'en mets un autre par bocal. » *(il y en a 8)*

« J'en mets un autre par bocal. » *(il y en a 12)*

Il a levé 3 doigts, alors il sait que **12 ÷ 4 = 3**. Il a mis 3 poissons dans chaque bocal.

----

1. Dessine des cercles pour diviser les objets parmi le nombre d'ensembles indiqués.
   INDICE : Divise le nombre d'objets par le nombre d'ensembles pour trouver combien il y a d'objets dans chaque ensemble.

   a) | | | | | | | | | | | |

   3 ensembles égaux

   b) ♡ ♡ ♡ ♡ ♡ ♡ ♡ ♡ ♡ ♡

   5 ensembles égaux

   c) ✦ ✦ ✦ ✦ ✦ ✦ ✦ ✦

   2 ensembles égaux

   d) ✲ ✲ ✲ ✲ ✲ ✲ ✲ ✲ ✲ ✲ ✲ ✲

   4 ensembles égaux

   e) ● ● ● ● ● ● ● ● ● ● ● ● ● ●

   7 ensembles égaux

   f)

   2 ensembles égaux

   g)

   3 ensembles égaux

   h) ⃝⃝⃝⃝⃝⃝⃝⃝⃝⃝⃝⃝

   6 ensembles égaux

   BONUS

   i)

   3 ensembles égaux

   j) 5 ensembles égaux

   k) 4 ensembles égaux

2. Azul a 16 poissons et 4 bocaux à poissons. Combien de poissons peut-il mettre dans chaque bocal? Réponds en écrivant un énoncé de division. _____

Logique numérale 2

Quand 15 objets sont divisés en 5 ensembles, il y a 3 objets dans chaque ensemble : **15 ÷ 5 = 3**

On peut aussi décrire l'illustration de la façon suivante.

Quand 15 objets sont divisés en ensembles de 3, il y a 5 ensembles : **15 ÷ 3 = 5**

----

3. Remplis les espaces vides. Écris ensuite deux énoncés de division.

a)

_____ lignes _____ ensembles

_____ lignes par ensemble

_____ ÷ _____ = _____

_____ ÷ _____ = _____

b)

_____ lignes _____ ensembles

_____ lignes par ensemble

_____

_____

c)

_____ lignes _____ ensembles

_____ lignes par ensemble

_____

_____

4. Remplis les espaces vides. Écris ensuite deux énoncés de division.

INDICE : Compte les objets en premier.

a)

___ ensembles

___ carrés par ensemble

_____

_____

b)

___ ensembles

___ triangles par ensemble

_____

_____

c)

___ ensembles

___ étoiles par ensemble

_____

_____

5. Résous les problèmes en faisant des dessins. Écris un énoncé de division dans ta réponse.

a) 12 triangles; 4 ensembles

_____

Combien de triangles par ensemble? _____

b) 6 carrés; 3 carrés dans chaque ensemble

_____

Combien d'ensembles? _____

6. Résous les problèmes en faisant des dessins. Écris un énoncé de division dans ta réponse.

a) 20 personnes; 5 voitures
Combien de personnes par voiture?

b) 12 enfants; 3 bateaux
Combien d'enfants par bateaux?

Chaque énoncé de **division** implique un énoncé d'**addition**. L'énoncé

« 10 divisé en ensembles de 2 donne 5 ensembles » (ou **10 ÷ 2 = 5**)

peut aussi être écrit de cette façon : « 5 ensembles de 2 donnent 10 » (**5 × 2 = 10**).

SOUVIENS-TOI : 10 ÷ 2 = 5 implique que 10 ÷ 5 = 2 et 5 × 2 = 10 implique que 2 × 5 = 10.

1. Écris deux énoncés de multiplication et deux énoncés de division pour chaque illustration.

a)

_____

_____

_____

b)

_____

_____

_____

c)

_____

_____

_____

Combien de poissons? _____

Combien d'ensembles? _____

Combien de poissons par ensemble? _____

d)

_____

_____

_____

Combien d'escargots? _____

Combien d'ensembles? _____

Combien d'escargots par ensemble? _____

2. Trouve la réponse du problème de division en trouvant la réponse de l'énoncé de multiplication.

a) 4 × [5] = 20

20 ÷ 4 = [5]

b) 6 × ☐ = 12

12 ÷ 6 = ☐

c) 5 × ☐ = 20

20 ÷ 5 = ☐

d) 6 × ☐ = 30

30 ÷ 6 = ☐

e) 9 × ☐ = 45

45 ÷ 9 = ☐

f) 7 × ☐ = 21

21 ÷ 7 = ☐

g) 3 × ☐ = 24

24 ÷ 3 = ☐

h) 6 × ☐ = 24

24 ÷ 6 = ☐

ENSEIGNANT :
Pour résoudre les problèmes écrits de multiplication ou de division, les élèves devraient se demander :

- **Combien d'objets ou de choses il y a en tout?**
- **Combien il y a d'ensembles ou de groupes?**
- **Combien il y a d'objets dans chaque ensemble?**

Vos élèves devraient également savoir (et être capables d'expliquer avec des illustrations ou du matériel concret) :

- **Quand tu sais combien il y a d'ensembles et d'objets dans chaque ensemble, tu multiplies pour trouver le total.**

- **Quand tu connais le nombre total d'objets et d'ensembles, tu divises pour trouver combien il y a d'objets dans chaque ensemble.**

- **Quand tu connais le nombre total d'objets et le nombre d'objets dans chaque ensemble, tu divises pour trouver combien il y a d'ensembles.**

---

1. Remplis les espaces vides pour chaque illustration.

a)

_____ lignes

_____ lignes par ensemble

_____ ensembles

b)

_____ lignes en tout

_____ ensembles

_____ lignes par ensemble

c)

_____ lignes par ensemble

_____ ensembles

_____ lignes en tout

d)

_____ lignes par ensemble

_____ ensembles

_____ lignes en tout

e)

_____ lignes

_____ lignes par ensemble

_____ ensembles

f)

_____ lignes en tout

_____ groupes

_____ lignes par groupe

2. Dessine …
   a) 16 lignes en tout; 4 lignes dans chaque ensemble; 4 ensembles
   b) 8 lignes; 4 lignes dans chaque ensemble; 2 ensembles
   c) 6 ensembles; 3 dans chaque ensemble; 18 lignes en tout
   d) 12 lignes; 2 ensembles; 6 dans chaque ensemble

3. Dessine et écris deux énoncés de division et un énoncé de multiplication pour …
   a) 20 lignes; 5 ensembles; 4 dans chaque ensemble
   b) 15 lignes; 5 dans chaque ensemble; 3 ensembles

jump math
MULTIPLYING POTENTIAL

NS4-61: Savoir quand multiplier ou diviser

1. Il manque de l'information dans chacune des questions suivantes (voir les points d'interrogation).
   Écris un énoncé de multiplication ou de division pour trouver l'information manquante.

	Nombre total d'objets	Nombre d'ensembles	Nombre par ensemble	Énoncé de multiplication ou de division
a)	?	6	3	6 × 3 = 18
b)	20	4	?	20 ÷ 4 = 5
c)	15	?	5	
d)	10	2	?	
e)	?	4	6	
f)	21	7	?	

2. Pour chaque question, écris un énoncé de multiplication ou de division pour résoudre le problème.

a) 18 choses en tout
   3 choses par ensemble

   _____ 18 ÷ 3 = 6 _____

   Combien d'ensembles?

   _____ 6 _____

b) 5 ensembles
   4 choses par ensemble

   _____

   Combien de choses en tout?

   _____

c) 15 choses en tout
   5 ensembles

   _____

   Combien par ensemble?

   _____

d) 8 groupes
   3 choses par ensemble

   _____

   Combien de choses en tout?

   _____

e) 6 choses par ensemble
   12 choses en tout

   _____

   Combien d'ensembles?

   _____

f) 5 groupes
   10 choses en tout

   _____

   Combien par groupe?

   _____

g) 5 choses par ensemble
   4 ensembles

   _____

   Combien de choses en tout?

   _____

h) 4 choses par ensemble
   6 ensembles

   _____

   Combien de choses en tout?

   _____

i) 16 choses en tout
   8 ensembles

   _____

   Combien par ensemble?

   _____

3. Remplis le tableau. Utilise un point d'interrogation pour montrer ce que tu ne sais pas. Écris ensuite un énoncé de multiplication ou de division dans la colonne de droite.

	Nombre total de choses	Nombre d'ensembles	Nombre par ensemble	Énoncé de multiplication ou de division
a) 20 personnes 4 fourgonnettes	20	4	?	$20 \div 4 = 5$ Combien de personnes par fourgonnette? 5
b) 3 billes par bocal 6 bocaux				Combien de billes? _____
c) 15 fleurs 5 vases				Combien de fleurs dans chaque vase? _____
d) 4 chaises par table 2 tables				Combien de chaises? _____
e) 18 oreillers 6 lits				Combien d'oreillers sur chaque lit? _____
f) 18 maisons 9 maisons par rue				Combien de rues? _____

4. Les facteurs de multiplication pour l'énoncé **3 × 5 = 15** sont : **5 × 3 = 15; 15 ÷ 3 = 5** et **15 ÷ 5 = 3**. Écris les familles de faits pour les énoncés suivants.

a) $5 \times 2 = 10$ b) $4 \times 3 = 12$ c) $8 \times 4 = 32$ d) $9 \times 3 = 27$

NS4-62: Les restes

Ori veut partager 7 fraises avec 2 de ses amis.

Il a 3 assiettes, une pour lui-même et une pour chacun de ses amis.

Il met une fraise à la fois dans chaque assiette :

   →   ← **Il reste une fraise.**

On ne peut pas partager 7 fraises également en 3 groupes. Chaque ami a 2 fraises et il en reste une.

$$7 ÷ 3 = 2 \text{ reste } 1$$

---

1. Peux-tu partager 5 fraises de façon égale dans 2 assiettes? Démontre ton travail avec des cercles et des points.

2. Distribue les points le plus également possible parmi les assiettes.
   IMPORTANT : Dans une des questions tu peux distribuer les points également; il n'y aura pas de reste.

   a) 7 points dans 2 cercles

   _____ points par cercle; _____ point qui reste

   b) 10 points dans 3 cercles

   _____ points par cercle; _____ point qui reste

   c) 10 points dans 5 cercles

   _____ points par cercle; _____ points qui restent

   d) 9 points dans 4 cercles

   _____ points par cercle; _____ point qui reste

   e) 12 points dans 5 cercles

   _____ points par cercle; _____ points qui restent

   f) 13 points dans 4 cercles

   _____ points par cercle; _____ point qui reste

Logique numérale 2

3. Distribue les points aussi également que possible. Fais un dessin et écris un énoncé de division.

a) 7 points dans 3 cercles

$7 \div 3 = 2$ reste 1

b) 11 points dans 3 cercles

c) 14 points dans 3 cercles

d) 10 points dans 6 cercles

e) 10 points dans 4 cercles

f) 13 points dans 5 cercles

4. Trois amis partagent 7 cerises. Combien de cerises chaque ami va-t-il recevoir? Combien en restera-t-il? Montre ton travail et écris un énoncé de division.

5. Trouve deux façons de partager 13 barres de granola en groupes égaux de sorte qu'il en reste une.

6. Fred, George et Paul ont moins de 10 oranges et plus de 3 oranges. Ils partagent les oranges également. Combien d'oranges ont-ils? Y a-t-il plus d'une réponse?

NS4-63: Trouver le reste sur les droites numériques

Paul a 14 oranges. Il veut donner un sac de 4 oranges à chacun de ses amis.

Il compte par bonds pour trouver avec combien d'amis il peut partager.

14 oranges divisées en ensembles de 4 donne 3 ensembles (il **reste** 2 oranges):

*Il peut mettre **4** oranges dans un sac.* **4** dans un autre *et* **4** dans un autre.

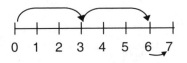

*Il lui restera **2** oranges.*

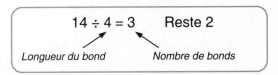

---

1. Trouve les nombres qui manquent. Pour les parties d) et e), écris un énoncé de division.

a)

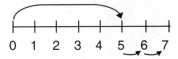

Longueur du bond = _____ Nombre de bonds = _____

Reste = _____

b)

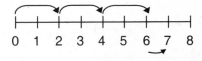

Longueur du bond = _____ Nombre de bonds = _____

Reste = _____

c) Longueur du bond = _____

Nombre de bonds = _____

Reste = _____

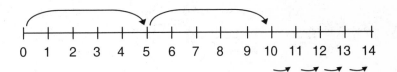

d)

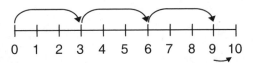

Longueur du bond = _____ Nombre de bonds = _____

Reste = _____

_____

e)

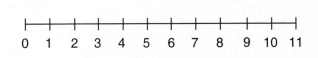

Longueur du bond = _____ Nombre de bonds = _____

Reste = _____

_____

2. Jane a 11 oranges. Elle veut faire 4 sacs.
Combien de sacs peut-elle faire?
Combien d'oranges restera-t-il?

3. Sur du papier quadrillé, dessine une droite numérique pour illustrer la division.

   a) 5 ÷ 2 = 2 reste 1   b) 9 ÷ 4 = 2 reste 1   c) 11 ÷ 3 = 3 reste 2

 jump math
MULTIPLYING POTENTIAL.

Logique numérale 2

Nina veut calculer 13 ÷ 5 dans sa tête.

Étape 1 :
En comptant par 5, elle lève deux doigts (elle arrête avant d'arriver à 13).

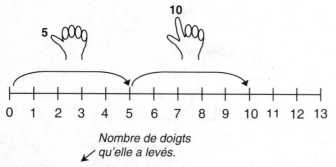

0 1 2 3 4 5 6 7 8 9 10 11 12 13

Nombre de doigts qu'elle a levés.

13 ÷ 5 = _2_ reste ___

Étape 2 :
Nina arrête de compter à 10.
Elle soustrait 10 de 13 pour trouver le reste.

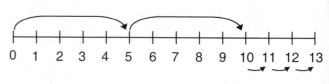

0 1 2 3 4 5 6 7 8 9 10 11 12 13

13 ÷ 5 = _2_ reste _3_

1. Essaie de répondre aux questions suivantes dans ta tête (ou en comptant par bonds).

   a) 18 ÷ 5 = _____ R _____   b) 23 ÷ 5 = _____ R _____   c) 26 ÷ 5 = _____ R _____

   d) 28 ÷ 5 = _____ R _____   e) 16 ÷ 5 = _____ R _____   f)   6 ÷ 5 = _____ R _____

   g) 10 ÷ 3 = _____ R _____   h)   7 ÷ 3 = _____ R _____   i) 16 ÷ 3 = _____ R _____

   j)   8 ÷ 2 = _____ R _____   k)   5 ÷ 2 = _____ R _____   l) 17 ÷ 4 = _____ R _____

   m) 16 ÷ 7 = _____ R _____   n) 28 ÷ 9 = _____ R _____   o) 25 ÷ 8 = _____ R _____

   p) 13 ÷ 2 = _____ R _____   q) 45 ÷ 8 = _____ R _____   r) 63 ÷ 7 = _____ R _____

2. Richard veut partager 16 crayons avec 5 amis.

   Combien de crayons chaque ami recevra-t-il? _____

   Combien en restera-t-il? _____

3. Tu as 17 billets pour une pièce de théâtre à ton école.
   Tu veux donner 5 billets à chacun de tes amis.

   Avec combien d'amis peux-tu partager? _____

   Combien de billets restera-t-il? _____

Logique numérale 2

Inez prépare une collation pour 4 classes. Elle doit diviser 93 pommes en 4 groupes.
Elle utilisera la longue division et un modèle pour résoudre le problème.

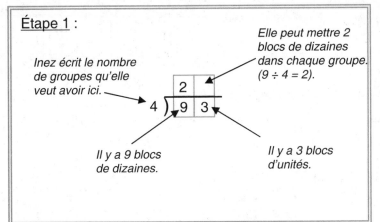

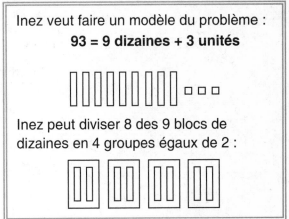

- -

1. Inez a écrit un énoncé de division pour résoudre un problème. Combien de groupes veut-elle avoir?
   De combien de blocs de dizaines et d'unités a-t-elle besoin pour illustrer le problème?

a) 3) 85   b) 4) 92   c) 5) 86   d) 2) 87

   groupes _3___   groupes _____   groupes _____   groupes _____

   dizaines ___8__   dizaines _____   dizaines _____   dizaines _____

   unités _5___   unités _____   unités _____   unités _____

2. Combien de dizaines peux-tu mettre dans chaque groupe? Utilise la division ou compte par bonds.

a) 3) [2] 7 5   b) 4) [ ] 9 3   c) 5) [ ] 6 2   d) 3) [ ] 9 8   e) 4) [ ] 8 2

f) 2) [ ] 8 5   g) 3) [ ] 8 7   h) 8) [ ] 9 1   i) 6) [ ] 8 3   j) 5) [ ] 9 2

3. Combien de groupes y a-t-il? Combien de dizaines y a-t-il dans chaque groupe?

a) 3) [2] 7 5   b) 2) [ ] 9 1   c) 4) [ ] 9 5   d) 2) [ ] 7 3

   groupes __3___   groupes _____   groupes _____   groupes _____

   dizaines par groupe dizaines par groupe dizaines par groupe dizaines par groupe
   __2__   _____   _____   _____

Étape 2 :

Il y a 2 dizaines par groupe.

Il y a 4 groupes.

Alors il y a 2 × 4 = 8 dizaines.

Dans le modèle :

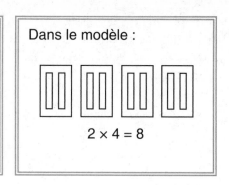

2 × 4 = 8

4. Trouve, pour chaque question, combien de dizaines il y a en multipliant.

a)

3) 8 7   2

Combien de groupes? _____

Combien de dizaines? _____

Combien de dizaines par groupe? _____

Combien de dizaines en tout? _____

b)

4) 9 6   2

Combien de groupes? _____

Combien de dizaines? _____

Combien de dizaines par groupe? _____

Combien de dizaines en tout? _____

5. Compte par bonds pour trouver combien de dizaines il y a dans chaque groupe. Effectue ensuite la multiplication pour savoir combien de dizaines tu as placées.

a)

2) 7 3

b)

3) 8 2

c)

2) 9 5

d)
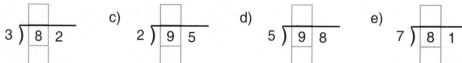
5) 9 8

e)
7) 8 1

f)

6) 6 3

g)

2) 7 1

h)

3) 7 5

i)

4) 9 3

j)

8) 8 5

k)

2) 8 1

l)

3) 7 2

m)

9) 9 5

n)

7) 9 3

o)

6) 8 0

p)

2) 5 3

q)

3) 7 8

r)

4) 9 0

s)

5) 5 0

t)

6) 7 3

<u>Étape 3</u> :

Il y a 9 dizaines et Inez en a placé 8.

Elle soustrait pour trouver le reste. (9 − 8 = 1).

Dans le modèle :

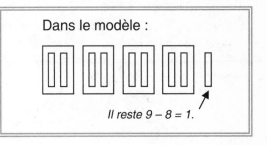

Il reste 9 − 8 = 1.

6. Utilise, pour chaque question, les trois premières étapes de la longue division.

a)
6) 9 1

b) 3) 7 6

c) 2) 4 1

d) 4) 8 3

e) 3) 8 5

f)
4) 5 7

g) 8) 9 3

h) 2) 9 9

i) 3) 7 1

j) 4) 8 2

<u>Étape 4</u> : Il reste une dizaine et 3 unités. Il reste donc 13 unités. Inez écrit un trois à côté du 1 pour le démontrer.

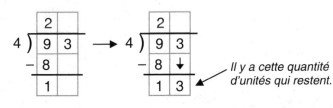

Il y a cette quantité d'unités qui restent.

Dans le modèle :

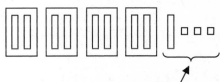

Il reste encore 13 unités à placer dans les 4 groupes.

7. Utilise les quatre premières étapes de la longue division.

a)
3) 7 5

b) 2) 5 7

c) 2) 9 3

d) 4) 8 3

e) 6) 8 1

f)
4) 6 3

g) 2) 3 5

h) 7) 8 8

i) 8) 9 1

j) 9) 9 3

<u>Étape 5</u> : Inez trouve le nombre d'unités qu'elle peut mettre dans chaque groupe en divisant 13 par 4.

13 ÷ 4 = 3

Elle peut mettre 3 unités dans chaque groupe.

Dans le modèle :

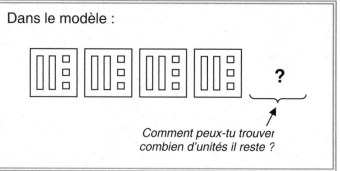

?

Comment peux-tu trouver combien d'unités il reste ?

8. Utilise les cinq premières étapes de la longue division.

a)   b)   c)   d)   e)

f) 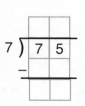 g)   h)   i)   j)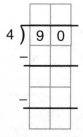

<u>Étapes 6 et 7</u> :

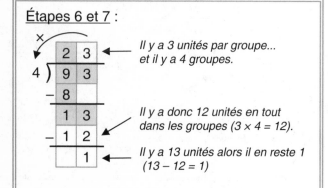

Il y a 3 unités par groupe... et il y a 4 groupes.

Il y a donc 12 unités en tout dans les groupes (3 × 4 = 12).

Il y a 13 unités alors il en reste 1 (13 − 12 = 1)

Dans le modèle :

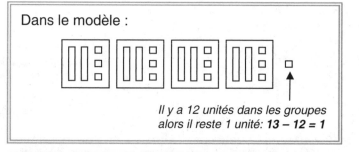

*Il y a 12 unités dans les groupes alors il reste 1 unité: **13 − 12 = 1***

L'énoncé de division et le modèle montrent qu'Inez peut donner 23 pommes à chaque classe avec une de reste.

9. Effectue les sept premières étapes de la longue division.

a) 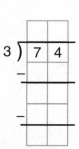 b) 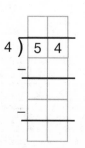 c) 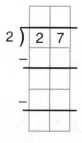 d) 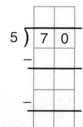 e)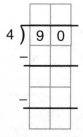

f)
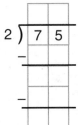
5) 8 4

g)
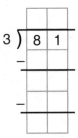
4) 6 4

h)
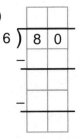
3) 9 6

i)
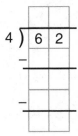
6) 8 9

j)
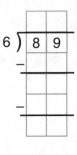
7) 9 7

k)
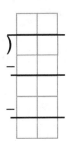
2) 7 5

l)
3) 8 1

m)
6) 8 0

n)
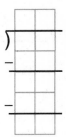
4) 6 2

o)
8) 9 7

10. Sandra met 62 tomates dans des cartons de 5. Combien de tomates lui reste-t-il?

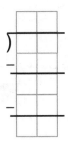

11. Combien de semaines y a-t-il dans 84 jours?

12. Un pentagone a un périmètre de 95 cm. Quelle est la longueur de chaque côté?

13. Shawn peut marcher 8 km dans une journée. En combien de jours peut-il marcher 96 km?

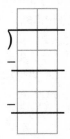

14. Un bateau peut asseoir 6 enfants. Combien de bateaux faudra-t-il pour 84 enfants?

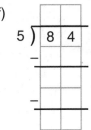

15. Alexa a mis 73 pommes en sacs de 6. Mike a mis 46 pommes en sacs de 6. Qui aura le plus de pommes qui restent?

1. Écris un énoncé de division pour chaque question (utilise "R" pour reste).

a)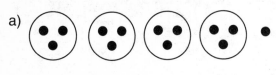

_____

b)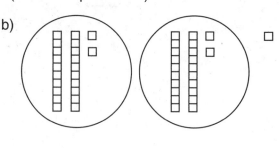

_____

c)

_____

2. Dans chaque question ci-dessous, il y a moins de dizaines que de groupes. Écris un 0 dans l'espace des dizaines et effectue la division (comme si les dizaines étaient regroupées en unités).

a)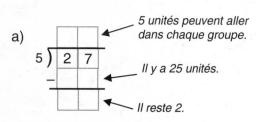

5 unités peuvent aller dans chaque groupe.

Il y a 25 unités.

Il reste 2.

b)

c)

d)

3. Estime chaque quotient en arrondissant chaque nombre à la dizaine près. Trouve ensuite la vraie réponse en utilisant la longue division.

a) $87 \div 9$　　　b) $78 \div 8$　　　c) $91 \div 8$　　　d) $126 \div 9$

4. Quand tu divises un nombre par 1, quel est le résultat? Explique.

Dans les questions 5 à 8, tu devras interpréter ce que veut dire le reste.

5. Un canoë peut contenir 3 enfants.
   Combien de canoës aura-t-on besoin pour 44 enfants?

6. Anne lit 5 pages à chaque soir avant d'aller au lit.
   Il lui reste 63 pages à lire dans son livre.
   Dans combien de soirs finira-t-elle son livre?

7. Ed veut donner 65 cartes de hockey à 4 amis.
   Combien de cartes donnera-t-il à chaque ami?

8. Daniel veut mettre 97 cartes de hockey dans un album.
   Chaque page peut contenir 9 cartes.
   Combien de pages aura-t-il besoin?

NS4-67: Les taux unitaires

Un **taux** est la comparaison de deux quantités différentes ayant des unités différentes.

Avec un **taux unitaire**, une des quantités est égales à un.

Par exemple, « 1 pomme coûte 30 ¢ » est un taux unitaire.

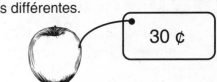

30 ¢

---

1. Trouve l'information qui manque.

   a) 1 livre coûte 4 $

      2 livres coûtent _____

      3 livres coûtent _____

      4 livres coûtent _____

   b) 1 billet coûte 5 ¢

      2 billets coûtent _____

      3 billets coûtent _____

      4 billets coûtent _____

   c) 1 pomme coûte 20 ¢

      2 pommes coûtent _____

      3 pommes coûtent _____

      4 pommes coûtent _____

   d) 20 km en 1 heure

      _____ km en 3 heures

   e) 12 $ en allocation en 1 semaine

      _____ en allocation en 4 semaines

   f) 1 enseignant pour 25 élèves

      3 enseignants pour _____

   g) 1 kg de riz pour 10 tasses d'eau   5 kg de riz pour _____ tasses d'eau

2. Dans les images, 1 centimètre représente 3 mètres. Utilise une règle pour trouver la longueur de la baleine.

   Épaulard

   Longueur en cm _____

   Longueur en m _____

   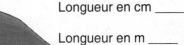

   Longueur en cm _____

   Longueur en m _____

   Baleine Boréale

   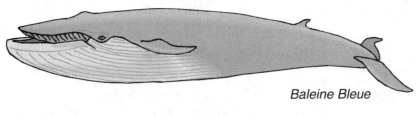

   Baleine Bleue

   Longueur en cm _____

   Longueur en m _____

3. Cho gagne 8 $ de l'heure pour garder des enfants. Combien gagnera-t-il en 4 heures?

4. Alice gagne 10 $ de l'heure pour tondre des gazons. Combien gagnera-t-elle en 8 heures?

5. Trouve le taux d'unité.

   a) 2 livres coûtent 10 $

      1 livre coûte _____.

   b) 4 mangues coûtent 12 $

      1 mango coûte _____.

   c) 6 boîtes de jus coûtent 12 $

      1 boîte de jus coûte _____.

Logique numérale 2

Réponds aux questions suivantes dans ton cahier de notes.

1. Écris un énoncé de multiplication et deux énoncés de division de la même famille de faits que …

$$6 \times 8 = 48$$

2. Trouve les nombres mystères.

   a) Je suis un multiple de 4. Je suis plus grand que 25 et plus petit que 31.

   b) Je suis divisible par 3. Je suis entre 20 et 26. Je suis un nombre pair.

3. 92 enfants vont voir un film dans 4 autobus. Il y a un nombre égal d'enfants dans chaque autobus.

   a) Combien d'enfants y a-t-il par autobus?

   b) Un billet coûte 6 $.
   Combien coûtera un autobus plein d'enfants pour aller voir le film?

4. Trouve deux différentes façons de partager 14 pommes en deux groupes égaux afin qu'il reste 2 pommes.

5. Trouve 3 nombres qui ont le même reste quand ils sont divisés 3.

6. Une reine peut pondre un œuf à toutes les 10 secondes. Combien peut-elle en pondre en …

   a) 1 minute?   b) 2 minutes?   c) 1 heure?

   Comment as-tu trouvé tes réponses?

7. Six amis lisent 96 livres pour un marathon de lecture. Chaque ami lit le même nombre de livres.

   Combien de livres chaque ami a-t-il lus?

8. Jennifer plante 84 violettes dans 4 lits de fleurs. Combien de violettes y a-t-il par lit de fleurs?

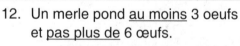

9. Un parc carré a un périmètre de 680 m.

   De quelle longueur est chaque côté du parc?

10. Un parc carré a des côtés de 236 m de long.

    Quel est le périmètre du parc?

11. Un pentagone à côtés égaux a un périmètre de 75 cm. De quelle longueur est chaque côté?

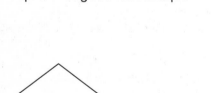

12. Un merle pond <u>au moins</u> 3 oeufs et <u>pas plus de</u> 6 œufs.

    a) Quel est le plus petit nombre d'œufs qu'il pourrait y avoir dans 3 nids de merles? (s'il y avait des œufs pondus dans chaque nid)?

    b) Quel est le plus grand nombre d'œufs qu'il pourrait y avoir dans 3 nids de merles?

    c) Il y a 13 œufs dans trois nids de merles.

       Fais un dessin pour montrer 2 façons de partager les œufs parmi les nids.

NS4-69: La recherche systématique

1. Choisis deux nombres, dont un dans chaque boîte à la droite, afin que ...

7		3
	5	2
1		10

   a) le produit des deux nombres soit le plus petit : _____ × _____ = _____

   b) le produit soit le plus grand : _____ × _____ = _____

   c) le produit soit le plus près de 20 : _____ × _____ = _____

   d) la différence entre les deux nombres soit la plus petite : _____ – _____ = _____

2. Montre toutes les façons de colorier le drapeau en rouge (R), vert (V), et bleu (B) en utilisant une lisière pour chaque couleur.

3. En utilisant les boîtes ci-dessous, montre toutes les façons dont tu peux empiler deux boîtes afin qu'une boîte avec un plus petit nombre soit sous une boîte avec un plus grand nombre

   | 1 | 2 | 3 | 4 |

4. Tu peux acheter des crayons dans des boîtes de 4 ou 5. Peux-tu acheter une combinaison de boîtes qui contient...

   NOTE : Pour certaines de ces questions, tu dois acheter des boîtes de deux formats. Montre ton travail.

   a) 8 crayons?   b) 10 crayons?   c) 11 crayons?   d) 14 crayons?

   e) 17 crayons?   f) 18 crayons?   g) 19 crayons?   h) 21 crayons?

BONUS

5. Une grenouille fait deux longs bonds (même longueur) et deux courts bonds (même longueur).

   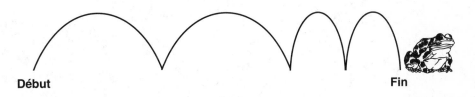

   Début   **Fin**

   Quelles pourraient être la longueur du premier et du deuxième bond si la grenouille saute ...

   a) 10 mètres? |—|—|—|—|—|—|—|—|—|—| premier : _____ m   dernier : _____ m

   b) 16 mètres? |—|—|—|—|—|—|—|—|—|—|—|—|—|—|—|—| premier : ___ m   dernier : ___ m

La tarte est divisée en 4 parties égales.

3 des 4 parties sont coloriées.

$\frac{3}{4}$ de la tarte est coloriée.

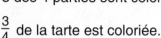

$\frac{3}{4}$

*Le **numérateur** (3) indique combien de parties sont comptées.*

*Le **dénominateur** (4) indique combien de parties il y a en tout.*

---

1. Nomme la fraction qui est représentée par la partie coloriée de chaque image.

a)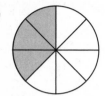

b)

c)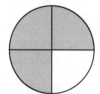

d)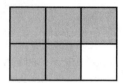

e)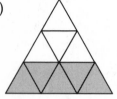

f)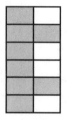

g)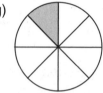

h)

2. Colorie les fractions suivantes.

a) $\frac{3}{6}$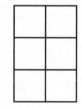

b) $\frac{2}{5}$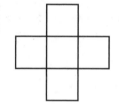

c) $\frac{5}{9}$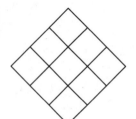

3. Utilise un des mots suivants pour décrire les parties des figures ci-dessous.

demies   tiers   quarts   cinquièmes   sixièmes   septièmes   huitièmes   neuvièmes

a)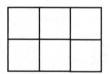

b)

c)

_____

_____

_____

d)

e)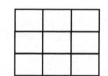

f)

_____

_____

_____

Logique numérale 2

NS4-71: Les parties égales et des modèles de fractions

1. Utilise une **règle** pour diviser chaque ligne en parties égales.

   a) 5 parties égales

   _____

   b) 3 parties égales

   _____

   c) 4 parties égales

   _____

   d) 7 parties égales

   _____

   e) 9 parties égales

   _____

2. Utilise une **règle** pour diviser chaque boîte en parties égales.

   a) 4 parties égales

   b) 5 parties égales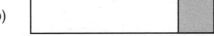

   c) 3 parties égales

   d) 6 parties égales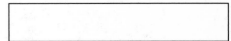

3. Utilise une **règle** pour trouver la fraction de chaque boîte représentée par la partie coloriée.

   a)

   _____ est colorié

   b)

   _____ est colorié

   c)

   _____ est colorié

   d)

   _____ est colorié

4. Utilise une **règle** pour compléter les figures suivantes et en faire des entiers.

   a) $\frac{1}{2}$

   b) $\frac{1}{3}$

   c) $\frac{1}{4}$

5. Dessine une tarte coupée en …

   a) tiers

   b) quarts

   c) huitièmes

6. Tu as $\frac{3}{5}$ d'une tarte.

   a) Qu'est-ce que le bas de la fraction (dénominateur) représente?

   b) Qu'est-ce que le haut de la fraction (numérateur) représente?

7. Explique pourquoi chaque illustration représente (ou pas) $\frac{1}{4}$.

   a)

   b)

   c)

   d)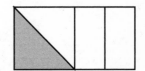

NS4-72: Les parties égales d'un ensemble

Les fractions peuvent servir à identifier les parties d'un ensemble : $\frac{3}{5}$ des formes sont des triangles, $\frac{1}{5}$ sont des carrés et $\frac{1}{5}$ sont des cercles.

---

1. Remplis les espaces vides.

    a)

    _____ des formes sont des cercles.

    _____ des formes sont coloriées.

    b)

    _____ des formes sont coloriées.

    _____ des formes sont des triangles.

    c)

    _____ des formes sont des triangles.

    _____ des formes sont des carrés.

    _____ des formes sont coloriées.

    _____ des formes ne sont pas coloriées.

2. Remplis les espaces vides.

    $\frac{4}{8}$ des formes sont _____.

    $\frac{3}{8}$ des formes sont _____.

    $\frac{1}{8}$ des formes sont _____.

3. Écris 4 énoncés de fraction pour la séquence suivante :

    a) _____.

    b) _____.

    c) _____.

    d) _____.

4.

   Peux-tu décrire cette illustration de deux différentes façons en utilisant la fraction $\frac{3}{5}$?

   _____

   _____

5. Une équipe de soccer gagne 5 parties et en perd 3.

   a) Combien de parties l'équipe a-t-elle jouées?   _____

   b) Quelle <u>fraction</u> des parties l'équipe a-t-elle gagnée?   _____

6. Une équipe de basketball gagne 7 parties, en perd 2 et en annule 3. Quelle fraction des parties l'équipe a-t-elle…

   a) gagnée? _____   b) perdue? _____   c) annulée? _____

7. Une boîte contient 4 marqueurs bleus, 3 marqueurs noirs et 3 marqueurs rouges.

   Quelle fraction des marqueurs <u>n'est pas</u> bleue? _____

8. Julie vit à 3 km de son école.
   Elle a parcouru 1 km vers son école à bicyclette.
   Quelle fraction de la distance de son école doit-elle encore parcourir à bicyclette?

9. Pia a 9 ans.
   Elle a vécu à Calgary pendant 4 ans avant de déménager à
   Regina. Quelle fraction de sa vie a-t-elle vécue à Calgary?

10. Fais un dessin pour résoudre l'énigme.

   a) Il y a 5 figures (des cercles et des carrés).

      $\frac{3}{5}$ des figures sont des carrés.

      $\frac{2}{5}$ des figures sont coloriées.

      Deux cercles sont coloriés.

   b) Il y a 5 figures (des triangles et des carrés).

      $\frac{3}{5}$ des figures sont coloriées.

      $\frac{2}{5}$ des figures sont des triangles.

      Un carré est colorié.

1. Quelle fraction est coloriée? Comment le sais-tu?

2. Dessine des lignes à partir du point au centre de l'hexagone aux sommets de l'hexagone.
   Combien de triangles recouvrent l'hexagone? _____

3. Quelle fraction de chaque figure est coloriée?

a) 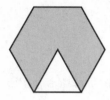   b) 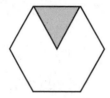   c) 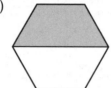   d)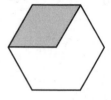

_____   _____   _____   _____

4. Quelle fraction de chaque figure est coloriée?

a)   b)   c)   d)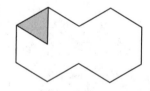

_____   _____   _____   _____

ENSEIGNANT : Donnez à vos élèves des blocs-formes ou une copie de la fiche reproductible de blocs-formes qui se trouve dans le guide de l'enseignant.

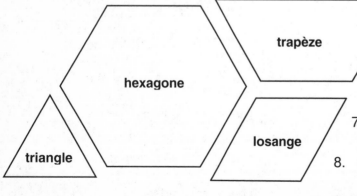

5. Quelle fraction du trapèze le triangle est-il? (Combien de triangles y a-t-il dans le trapèze?)

6. Quelle fraction de l'hexagone le trapèze est-il?

7. Quelle fraction de l'hexagone le losange est-il?

8. Quelle fraction de l'hexagone le triangle est-il?

9. Quelle fraction de deux hexagones le triangle est-il?

NS4-74: Comparer et mettre les fractions en ordre

1. 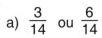 Quelle fraction a le plus grand numérateur, $\frac{1}{4}$ ou $\frac{3}{4}$?

   Quelle fraction est la plus grande?

   SOUVIENS-TOI :

   $\frac{3}{4}$ ↙ *numérateur*

   ↖ *dénominateur*

   Explique ton raisonnement. _____

   _____

2. Encercle la plus grande fraction dans chaque paire.

   a) $\frac{3}{14}$ ou $\frac{6}{14}$ b) $\frac{4}{12}$ ou $\frac{7}{12}$ c) $\frac{2}{9}$ ou $\frac{5}{9}$ d) $\frac{4}{7}$ ou $\frac{5}{7}$

   e) $\frac{7}{27}$ ou $\frac{4}{27}$ f) $\frac{13}{98}$ ou $\frac{20}{98}$ g) $\frac{47}{125}$ ou $\frac{46}{125}$ h) $\frac{88}{287}$ ou $\frac{42}{287}$

3. Écris les fractions en ordre, de la plus petite à la plus grande.

   a) $\frac{2}{3}$, $\frac{1}{3}$, $\frac{3}{3}$ b) $\frac{2}{10}$, $\frac{1}{10}$, $\frac{7}{10}$, $\frac{9}{10}$ c) $\frac{5}{17}$, $\frac{9}{17}$, $\frac{8}{17}$, $\frac{16}{17}$

4. Quelle fraction est …

   a) plus grande que $\frac{3}{7}$ et plus petite que $\frac{6}{7}$:____ b) plus grande que $\frac{1}{8}$ et plus petite que $\frac{4}{8}$: ___

   c) plus grande que $\frac{3}{10}$ et plus petite que $\frac{7}{10}$: ___ d) plus grande que $\frac{8}{15}$ et plus petite que $\frac{11}{15}$: ___

   e) plus grande que $\frac{14}{57}$ et plus petite que $\frac{19}{57}$: ___ f) plus grande que $\frac{58}{127}$ et plus petite que $\frac{63}{127}$: ___

5. Deux fractions ont le même <u>dénominateur</u> (bas) mais des différents <u>numérateurs</u> (haut).
   Comment peux-tu savoir quelle fraction est la plus grande?

   _____

   _____

1.

a) Trace et coupe ce carré. Coupe-le ensuite en deux.

Quelle fraction du carré chaque partie représente-t-elle?

b) Coupe ensuite ces deux parties en deux.

Quelle fraction du carré ces nouvelles parties représentent-elles?

c) Quand le dénominateur (bas) de la fraction <u>augmente</u>, qu'arrive-t-il à grandeur de chaque partie?

_____

2. Encercle la <u>plus grande</u> fraction de chaque paire.

a) $\frac{1}{5}$ ou $\frac{1}{7}$

b) $\frac{3}{15}$ ou $\frac{3}{7}$

c) $\frac{2}{197}$ ou $\frac{2}{297}$

d) $\frac{17}{52}$ ou $\frac{17}{57}$

e) $\frac{1}{3}$ ou $\frac{1}{9}$

f) $\frac{7}{11}$ ou $\frac{7}{13}$

g) $\frac{6}{15}$ ou $\frac{6}{18}$

h) $\frac{3}{27}$ ou $\frac{3}{42}$

3. Écris les fractions en ordre de grandeur, de la plus petite à la plus grande.

a) $\frac{1}{5}$, $\frac{1}{2}$, $\frac{1}{4}$

b) $\frac{1}{5}$, $\frac{1}{8}$, $\frac{1}{7}$

c) $\frac{2}{3}$, $\frac{2}{5}$, $\frac{2}{7}$

_____   _____

BONUS

d) $\frac{5}{7}$, $\frac{5}{5}$, $\frac{5}{11}$

e) $\frac{3}{11}$, $\frac{3}{4}$, $\frac{3}{8}$

f) $\frac{5}{8}$, $\frac{5}{11}$, $\frac{7}{8}$

_____   _____   _____

4. Qu'est-ce qui est plus grand, $\frac{1}{2}$ ou $\frac{1}{100}$? Explique ton raisonnement.

_____

_____

5. La fraction A et la fraction B ont le même <u>numérateur</u> (haut) mais des différents <u>dénominateurs</u> (bas). Comment peux-tu savoir quelle fraction est la plus grande?

_____

Logique numérale 2

NS4-76: Les parties et les entiers (avancé)

1. En utilisant une règle, divise chaque ligne en 2 parties égales.

   a) ──────────────────

   b) ──────────────────────────

   c) ───────────────────

   d) ────────────────────────────

2. Divise chaque ligne en 3 parties égales.

   a) ──────────────────

   b) ──────────────────────────

   c) ──────────────────────────

3. Dessine la partie ou les parties qui manquent pour faire un entier.

   a) $\frac{1}{2}$

   b) $\frac{1}{2}$

   c) $\frac{1}{3}$

4. Remplis les espaces vides.

   a) $\frac{1}{2}$ et ⬜ font un entier.

   b) $\frac{1}{3}$ et ⬜ font un entier.

   c) $\frac{1}{5}$ et ⬜ font un entier.

   d) $\frac{3}{7}$ et ⬜ font un entier.

5.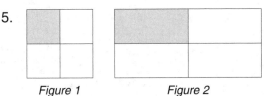

   Figure 1   Figure 2

   Est-ce que $\frac{1}{4}$ de la figure 1 est égal à $\frac{1}{4}$ de la figure 2?
   Explique pourquoi ou pourquoi pas.

6. Est-il possible que $\frac{1}{4}$ d'une tarte soit plus grand $\frac{1}{3}$ d'une autre tarte? Explique ta réponse à l'aide d'un dessin.

7. Ken a mangé le $\frac{3}{5}$ d'une tarte. Karen a mangé le reste.
   Qui a mangé la plus grande partie de la tarte? Explique.

jump math
MULTIPLYING POTENTIAL

Logique numérale 2

Alain et ses amis ont mangé
les parties représentées par les
sections coloriées de ces tartes :

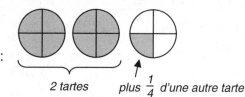

$\underbrace{\hspace{3cm}}_{\text{2 tartes}}$ plus $\frac{1}{4}$ d'une autre tarte

Ils ont mangé deux tartes et le quart d'une autre (ou $2\frac{1}{4}$ de tartes). Note qu'on appelle $2\frac{1}{4}$ un **nombre fractionnaire** parce qu'elle est un mélange d'un nombre entier et d'une fraction.

- -

1. Écris combien de tartes <u>entières</u> sont coloriées.

   a) 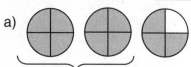   b)   c)

   ___2___ tartes entières   _____ tartes entières   _____ tartes entières

2. Écris les fractions suivantes sous forme de nombres fractionnaires.

   a) 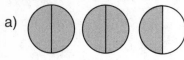   b) 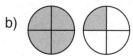   c)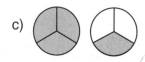

   d) 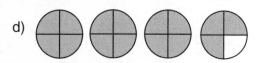   e)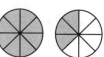

   f) 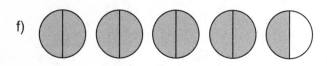   g)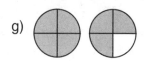

3. Colorie le nombre de tartes indiqué.
   NOTE : Il y a peut-être plus de tartes que tu en as besoin.

   a) $2\frac{1}{2}$    b) $3\frac{1}{2}$

   c) $1\frac{1}{2}$ d) $2\frac{2}{3}$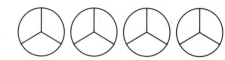

   e) $3\frac{3}{4}$    f) $1\frac{4}{5}$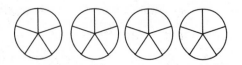

4. Dessine.   a) $2\frac{1}{2}$ tartes   b) $3\frac{1}{2}$ tartes   c) $2\frac{1}{4}$ tartes   d) $3\frac{2}{3}$ tartes

NS4-78: Les fractions impropres

fraction impropre :

nombre fractionnaire :

$$\frac{9}{4} \qquad = \qquad 2\frac{1}{4}$$

Alain et ses amis ont mangé **9** morceaux de pizza d'une grosseur d'environ un quart de pizza par morceau. En tout, ils ont mangé $\frac{9}{4}$ de pizzas.

Prends note que quand le numérateur d'une fraction est plus grand que dénominateur, la fraction représente <u>plus qu'un</u> entier. On appelle ces fractions des **fractions impropres**.

----

1. Écris les fractions suivantes sous formes de fractions <u>impropres</u>.

a)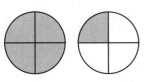

b)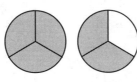

c)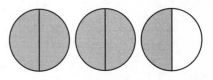

d)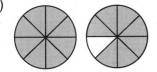

e)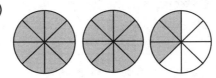

f)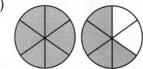

g)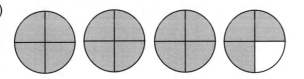

h)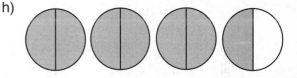

2. Colorie un morceau à la fois jusqu'à ce que tu aies colorié la quantité de tartes qui t'es donné.

a) $\frac{5}{2}$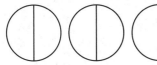

b) $\frac{7}{2}$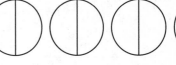

c) $\frac{8}{3}$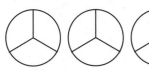

d) $\frac{13}{4}$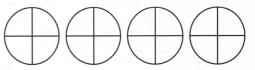

3. Dessine.   a) $\frac{3}{2}$ de tartes   b) $\frac{9}{2}$ de tartes   c) $\frac{10}{4}$ de tartes   d) $\frac{10}{3}$ de tartes

4. Quelles fractions sont plus grandes qu'un entier? a) $\frac{3}{4}$ b) $\frac{9}{4}$ c) $\frac{7}{5}$

   Comment le sais-tu?

NS4-79: Les nombres fractionnaires et les fractions impropres

1. Écris ces fractions sous forme de <u>nombres fractionnaires</u> et de <u>fractions impropres</u>.

a)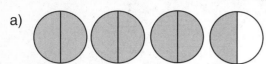

b)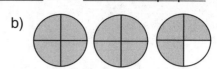

c)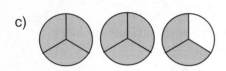

d)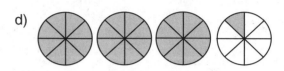

e)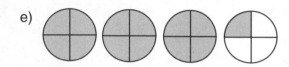

f)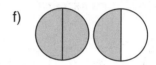

2. Colorie la partie indiquée des tartes.
   Écris ensuite une fraction <u>impropre</u> représentant la quantité de tartes.

a) $2\frac{1}{2}$

   fraction impropre : _____

b) $3\frac{1}{4}$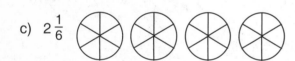

   fraction impropre : _____

c) $2\frac{1}{6}$

   fraction impropre : _____

d) $2\frac{5}{8}$

   fraction impropre : _____

3. Colorie un morceau à la fois jusqu'à ce que tu aies colorié la quantité de tartes indiquée.
   Écris ensuite un <u>nombre fractionnaire</u> pour représenter cette quantité.

a) $\frac{7}{3}$

   nombre fractionnaire : _____

b) $\frac{13}{6}$

   nombre fractionnaire : _____

c) $\frac{7}{4}$

   nombre fractionnaire : _____

d) $\frac{12}{5}$

   nombre fractionnaire : _____

Logique numérale 2

NS4-80: Explorer les nombres fractionnaires et les nombres impropres

ENSEIGNANT :
Vos élèves auront besoin de blocs-formes ou une copie de la fiche reproductible des blocs-formes pour cet exercice.

NOTE : Les blocs ci-dessus ne sont pas à l'échelle!

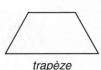

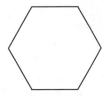

triangle   losange   trapèze

hexagone

La pâtisserie d'Euclide vend des tartes hexagonales. Ils vendent des morceaux en forme de triangles, de losanges et de trapèzes.

1. Un hexagone représente la tarte entière.

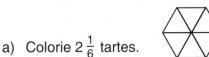

a) Colorie $2\frac{1}{6}$ tartes.

b) Combien de morceaux as-tu coloriés? _____

c) Écris une fraction impropre qui représente la quantité de tarte coloriée. _____

2. Fais un modèle des tartes ci-dessous avec des blocs-formes. (Place les formes plus petites sur les hexagones.) Écris ensuite un nombre fractionnaire et une fraction impropre pour chaque tarte.

a)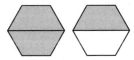

b)

c)

nombre fractionnaire : _____   nombre fractionnaire : _____   nombre fractionnaire : _____

fraction impropre : _____   fraction impropre : _____   fraction impropre : _____

3. Utilise les hexagones comme des tartes entières.
   Utilise des triangles, des losanges, et des trapèzes comme des morceaux.
   Fais un modèle des fractions avec des blocs-formes. Dessine ensuite tes modèles dans les grilles.

a) $2\frac{1}{2}$ 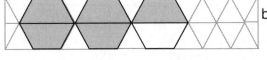   b) $1\frac{1}{2}$

c) $2\frac{1}{6}$ 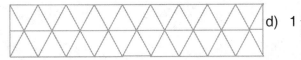   d) $1\frac{5}{6}$

e) $1\frac{2}{3}$ 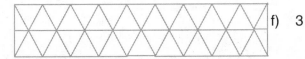   f) $3\frac{1}{3}$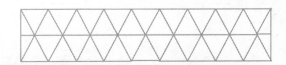

Logique numérale 2

4. En utilisant l'hexagone comme tarte entière et les plus petits morceaux pour les parties, fais un modèle des fractions avec des blocs-formes. Dessine ensuite tes modèles dans les grilles.

a) $\frac{5}{2}$

b) $\frac{7}{6}$

c) $\frac{7}{3}$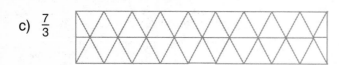

d) $\frac{10}{3}$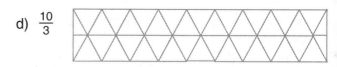

e) $\frac{11}{6}$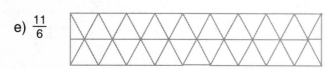

f) $\frac{6}{2}$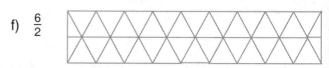

5. En utilisant le trapèze comme tarte entière et des triangles pour les morceaux, fais un modèle des fractions avec des blocs-formes. Dessine ensuite tes modèles dans les grilles.

a) $\frac{5}{3}$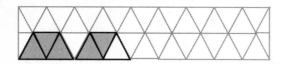

b) $\frac{7}{3}$

c) $1\frac{2}{3}$

d) $2\frac{1}{3}$

e) $\frac{8}{3}$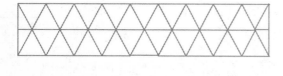

f) $3\frac{2}{3}$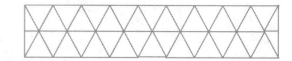

6. Dessine (en utilisant l'hexagone comme entier) pour trouver la fraction la plus grande dans chaque paire. Encercle la plus grande fraction.

a) $1\frac{5}{6}$ ou $\frac{9}{6}$

b) $2\frac{1}{6}$ ou $\frac{14}{6}$

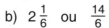

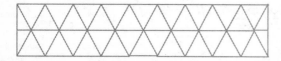

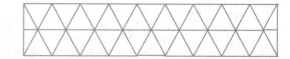

NS4-81: Les nombres fractionnaires (avancé)

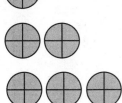

Il y a 4 quarts dans 1 tarte.

Il y a 8 (2 × 4) quarts dans 2 tartes.

Il y a 12 (3 × 4) quarts dans 3 tartes.

Combien de quarts y a-t-il dans $3\frac{3}{4}$ tartes?

12 morceaux → $3\frac{3}{4}$ ← + 3 morceaux
(3 × 4)   de surplus

Il y a donc 15 morceaux ou quart en tout.

---

1. Trouve le nombre de **demies** dans chaque quantité.

   a) 1 tarte = _____ demies

   b) 2 tartes = _____ demies

   c) 3 tartes = _____ demies

   d) $1\frac{1}{2}$ tartes = _____ demies

   e) $2\frac{1}{2}$ tartes = _____ demies

   f) $3\frac{1}{2}$ tartes = _____

2. Trouve le nombre de **tiers** dans chaque quantité.

   a) 1 tarte = _____ tiers

   b) 2 tartes = _____ tiers

   c) 3 tartes = _____ tiers

   d) $1\frac{1}{3}$ tartes = _____ tiers

   e) $2\frac{2}{3}$ tartes = _____

   f) $3\frac{1}{3}$ tartes = _____

3. Trouve le nombre de **quarts** dans chaque quantité.

   a) 1 tarte = _____ quarts

   b) 2 tartes = _____ quarts

   c) 3 tartes = _____ quarts

   d) $2\frac{1}{4}$ tartes = _____ quarts

   e) $2\frac{3}{4}$ tartes = _____

   f) $3\frac{3}{4}$ tartes = _____

4. Une caisse contient 4 boîtes.

   a) 2 caisses contiennent _____ boîtes

   b) $3\frac{1}{4}$ caisses contiennent __ boîtes

   c) $4\frac{3}{4}$ caisses contiennent ___ boîtes

5. Une caisse contient 6 boîtes.

   a) $2\frac{1}{6}$ caisses contiennent ___ boîtes

   b) $2\frac{5}{6}$ caisses contiennent ___ boîtes

   c) $3\frac{1}{6}$ caisses contiennent __ boîtes

6. Il y a 8 stylos dans un paquet. Dan utilise $1\frac{5}{8}$ paquet. Combien de stylos a-t-il utilisés? _____

7. Il y 6 bouteilles dans une caisse. Combien de bouteilles y a-t-il dans $2\frac{1}{2}$ caisses? _____

Logique numérale 2

NS4-82: Les nombres fractionnaires et les fractions impropres (avancé)

Combien de tartes entières y a-t-il dans $\frac{13}{4}$ tartes?

Il y a 13 morceaux en tout. ⟵ $\dfrac{13}{4}$ ⟶ *Chaque tarte a 4 morceaux.*

Tu peux alors trouver le nombre de tartes entières en divisant 13 par 4 :

13 ÷ 4 = 3 reste 1

Il y a 3 tartes entières et 1 quart qui reste. Alors $\frac{13}{4}$ = $3\frac{1}{4}$.

----

1. Trouve le nombre de tartes entières dans chaque quantité en divisant.

    a) $\frac{4}{2}$ tartes = _____ tartes entières   b) $\frac{6}{2}$ tartes = _____ tartes entières   c) $\frac{10}{2}$ tartes = _____ tartes entières

    d) $\frac{6}{3}$ tartes = _____ tartes entières   e) $\frac{12}{3}$ tartes = _____ tartes entières   f) $\frac{8}{4}$ tartes = _____ tartes entières

2. Trouve le nombre de tartes entières et le nombre de morceaux qui restent en divisant.

    a) $\frac{5}{2}$ tartes = __2__ tartes entières et __1__ demi tarte = __$2\frac{1}{2}$__ tartes

    b) $\frac{7}{2}$ tartes = _____ tartes entières et _____ demi tarte = _____ tartes

    c) $\frac{7}{3}$ tartes = _____ tartes entières et _____ tiers de tartes = _____ tartes

    d) $\frac{10}{3}$ tartes = _____ tartes entières et _____ tiers de tartes = _____ tartes

    e) $\frac{11}{4}$ tartes = _____ tartes entières et _____ quarts de tartes = _____ tartes

3. Écris les fractions impropres suivantes sous forme de nombres fractionnaires.

    a) $\frac{3}{2}$ =   b) $\frac{9}{2}$ =   c) $\frac{8}{3}$ =   d) $\frac{15}{4}$ =   e) $\frac{22}{5}$ =

4. Écris une fraction impropre et un nombre fractionnaire pour le nombre de litres.

    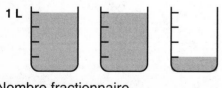

    Nombre fractionnaire _____
    Fraction impropre   _____

5. Écris une fraction impropre et un nombre fractionnaire pour la longueur de la corde.

    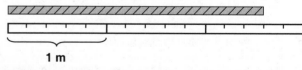

    1 m

    Fraction impropre   _____
    Nombre fractionnaire _____

Logique numérale 2

NS4-83: Les fractions équivalentes

1. Encercle la plus grande fraction. (Si elles sont pareilles, encercle « pareilles ».)

a) 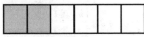 $\dfrac{7}{8}$ b) 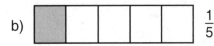 $\dfrac{1}{5}$ c) 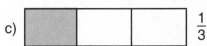 $\dfrac{1}{3}$

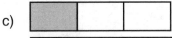 $\dfrac{4}{5}$ 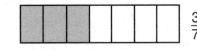 $\dfrac{3}{7}$ 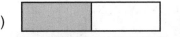 $\dfrac{2}{6}$

PAREILLES   PAREILLES   PAREILLES

2. Un tiers est égal à deux sixièmes. Un tiers et deux sixièmes sont des fractions **équivalentes**.
   Complète les fractions équivalentes.

a)  $\dfrac{1}{2} = \dfrac{}{4}$ b) $\dfrac{1}{2} = \dfrac{}{6}$

c) 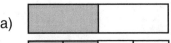 $\dfrac{1}{3} = \dfrac{}{6}$ d) 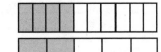 $\dfrac{2}{3} = \dfrac{}{6}$

e) 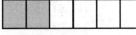 $\dfrac{3}{3} = \dfrac{}{10}$ f) $\dfrac{4}{10} = \dfrac{}{5}$

3. Utilise le tableau ci-dessous pour trouver les fractions équivalentes.

1 entier							
$\frac{1}{2}$				$\frac{1}{2}$			
$\frac{1}{4}$		$\frac{1}{4}$		$\frac{1}{4}$		$\frac{1}{4}$	
$\frac{1}{8}$	$\frac{1}{8}$	$\frac{1}{8}$	$\frac{1}{8}$	$\frac{1}{8}$	$\frac{1}{8}$	$\frac{1}{8}$	$\frac{1}{8}$

a) $\dfrac{1}{4} = \dfrac{}{8}$ b) $\dfrac{1}{2} = \dfrac{}{8}$

c) $\dfrac{6}{8} = \dfrac{}{4}$ d) $\dfrac{2}{4} = \dfrac{}{2}$

4. Utilise le tableau ci-dessous pour trouver les fractions équivalentes.

1 entier									
$\frac{1}{5}$		$\frac{1}{5}$		$\frac{1}{5}$		$\frac{1}{5}$		$\frac{1}{5}$	
$\frac{1}{10}$	$\frac{1}{10}$	$\frac{1}{10}$	$\frac{1}{10}$	$\frac{1}{10}$	$\frac{1}{10}$	$\frac{1}{10}$	$\frac{1}{10}$	$\frac{1}{10}$	$\frac{1}{10}$

a) $\dfrac{1}{5} = \dfrac{}{10}$ b) $\dfrac{6}{10} = \dfrac{}{5}$

c) $\dfrac{4}{5} = \dfrac{}{10}$ d) $\dfrac{5}{5} = \dfrac{}{10}$

Logique numérale 2

NS4-84: Encore des fractions équivalentes

George a colorié $\frac{4}{6}$ des carrés dans un ensemble.

Il noircit ensuite les lignes autour des carrés pour les regrouper en 3 groupes égaux.

Il voit que $\frac{2}{3}$ des carrés sont coloriés.

Quatre sixièmes est égal à deux tiers : $\frac{4}{6} = \frac{2}{3}$. Quatre sixièmes et deux tiers sont des fractions équivalentes.

---

1. Regroupe les carrés (en noircissant les lignes) pour montrer…

   a) Deux huitièmes est égal à un quart ($\frac{2}{8} = \frac{1}{4}$).   b) Quatre huitièmes est égal à une demie ($\frac{4}{8} = \frac{1}{2}$).

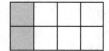   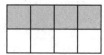

2. Regroupe les carrés pour montrer les fractions équivalentes.

   a)

   $\frac{3}{6} = \frac{}{2}$

   b)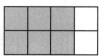

   $\frac{6}{8} = \frac{}{4}$

   c)

   $\frac{6}{9} = \frac{}{3}$

   d)

   $\frac{5}{10} = \frac{1}{}$

   e)

   $\frac{2}{6} = \frac{1}{}$

   f)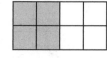

   $\frac{4}{8} = \frac{1}{}$

   g)

   $\frac{6}{9} = \frac{}{}$

   h)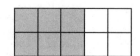

   $\frac{6}{10} = \frac{}{}$

   i)

   $\frac{3}{9} = \frac{}{}$

3. Regroupe les carrés pour faire des fractions équivalentes.

   a)

   $\frac{1}{2} = \frac{}{12}$

   b)

   $\frac{1}{3} = \frac{}{12}$

   c)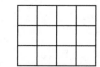

   $\frac{1}{4} = \frac{}{12}$

NS4-85: Plus de fractions équivalentes

1. Regroupe les cercles pour faire une fraction équivalente.

a)

$\frac{2}{6} = \frac{1}{3}$

b) ⬤⬤◯◯

$\frac{2}{4} = \frac{}{2}$

c) ⬤⬤⬤◯◯◯

$\frac{3}{6} = \frac{}{2}$

d)

$\frac{6}{9} = \frac{}{3}$

e)

$\frac{8}{10} = \frac{}{5}$

f)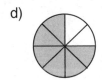

$\frac{3}{9} = \frac{}{}$

g)

$\frac{2}{10} = \frac{}{}$

2. Regroupe les morceaux pour faire une fraction équivalente.
   Le regroupement à la première question est déjà fait pour toi.

a) $\frac{2}{8} = \frac{}{4}$

b) $\frac{2}{6} = \frac{}{3}$

c) $\frac{2}{10} = \frac{}{5}$

d) $\frac{6}{8} = \frac{}{}$

e) $\frac{4}{6} = \frac{}{}$

f) 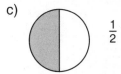 $\frac{4}{10} = \frac{}{}$

 3. Coupe chaque morceau de tarte en plus petits morceaux afin de faire une fraction équivalente.

a) $\frac{2}{3} = \frac{}{6}$

b) $\frac{2}{3} = \frac{}{9}$

c) $\frac{1}{2} = \frac{}{4}$

4. Écris deux différentes fractions pour chaque ensemble colorié.

a)

b)

c)

d)

e)

f)

5. Dessine des cercles coloriés et non-coloriés (comme à la question 1) et regroupe-les pour montrer que …

   a) six huitièmes est équivalent à trois quarts

   b) quatre cinquièmes est équivalent à huit dixièmes

6. Dan dit que $\frac{1}{2}$ est équivalent à $\frac{2}{4}$. A-t-il raison? Comment le sais-tu?

Logique numérale 2

Dan a 6 biscuits.

Il veut donner le $\frac{2}{3}$ de ses biscuits à ses amis.

Il doit donc distribuer les biscuits également dans 3 assiettes.

Il y a 3 groupes égaux, donc chaque groupe est $\frac{1}{3}$ de 6.

Il y a 2 biscuits dans chaque groupe, donc $\frac{1}{3}$ de 6 est 2.

Il y a 4 biscuits dans deux groupes, donc $\frac{2}{3}$ de 6 est 4.

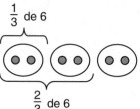

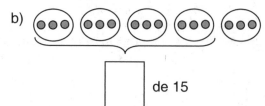

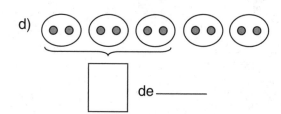

----

1. Écris une fraction pour la quantité de points qui est montrée. La première est déjà faite pour toi.

a)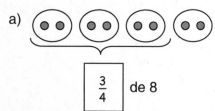

$\frac{3}{4}$ de 8

b)

de 15

c)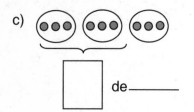

☐ de _____

d)

☐ de _____

2. Ajoute les nombres qui manquent.

a)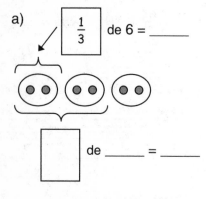

$\frac{1}{3}$ de 6 = _____

☐ de _____ = _____

b)

☐ de 8 = _____

☐ de _____ = _____

c)

☐ de 9 = _____

☐ de _____ = _____

d)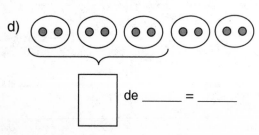

☐ de _____ = _____

e)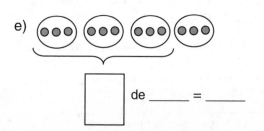

☐ de _____ = _____

NS4-86: Le partage et les fractions *(suite)*

3. Dessine un cercle pour montrer la quantité indiquée. Le premier est déjà fait pour toi.

a) $\frac{2}{3}$ de 6

b) $\frac{3}{4}$ de 8

c) $\frac{3}{5}$ of 10

d) $\frac{3}{4}$ de 12

e) $\frac{4}{5}$ de 10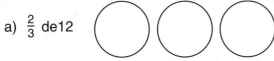

f) $\frac{2}{3}$ de 9

4. Dessine le bon nombre de points dans chaque cercle et fais un plus grand cercle pour montrer la quantité indiquée.

a) $\frac{2}{3}$ de 12

b) $\frac{2}{3}$ de 9

c) $\frac{1}{2}$ de 8

d) $\frac{3}{4}$ de 8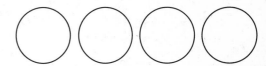

5. Trouve la fraction de la quantité totale en partageant les biscuits également.

INDICE : Dessine le bon nombre d'assiettes et places-y les biscuits un à la fois. Encercle ensuite la bonne quantité.

a) Trouve $\frac{1}{4}$ de 8 biscuits.

b) Trouve $\frac{1}{2}$ de 10 biscuits.

$\frac{1}{4}$ de 8 est _____

$\frac{1}{2}$ de 10 est _____

c) Trouve $\frac{2}{3}$ de 6 biscuits.

d) Trouve $\frac{3}{4}$ de 12 biscuits.

$\frac{2}{3}$ de 6 est _____

$\frac{3}{4}$ de 12 est _____

e) Trouve $\frac{1}{2}$ de 12 biscuits.

f) Trouve $\frac{3}{5}$ de 10 biscuits.

$\frac{1}{2}$ de 12 est _____

$\frac{3}{5}$ de 10 est _____

NS4-87: Plus de partage et de fractions

page 248

1. Jérôme trouve $\frac{1}{3}$ de 6 en divisant : 6 divisé en 3 groupes donne 2 dans chaque groupe ($6 \div 3 = 2$).

   Trouve la fraction de chacun des nombres suivants en écrivant un énoncé de division équivalent.

   a) $\frac{1}{2}$ de 8 = 4

   b) $\frac{1}{2}$ de 10

   c) $\frac{1}{2}$ de 16

   d) $\frac{1}{2}$ de 20

   $\underline{\quad 8 \div 2 = 4 \quad}$ $\underline{\hspace{3cm}}$ $\underline{\hspace{3cm}}$ $\underline{\hspace{3cm}}$

   e) $\frac{1}{3}$ de 9

   f) $\frac{1}{3}$ de 15

   g) $\frac{1}{4}$ de 12

   h) $\frac{1}{6}$ de 18

   $\underline{\hspace{3cm}}$ $\underline{\hspace{3cm}}$ $\underline{\hspace{3cm}}$ $\underline{\hspace{3cm}}$

2. Encercle $\frac{1}{2}$ de chacun des ensembles de lignes suivants.

   INDICE : Compte les lignes et divise par 2.

3. Colorie $\frac{1}{3}$ de chacun des ensembles de cercles suivants. Encercle ensuite $\frac{2}{3}$. Le premier est déjà fait.

4. Encercle $\frac{1}{4}$ de chacun des ensembles de triangles.

   a) △ △ △ △

   b) △ △ △ △ △ △ △ △ △ △

   c) △ △ △ △ △ △ △ △ △ △ △ △ △ △

5. Colorie $\frac{3}{5}$ des boîtes.

   INDICE : Compte les boîtes en premier pour trouver $\frac{1}{5}$.

   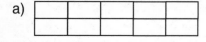
   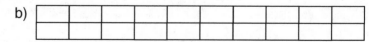

   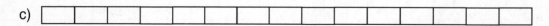

jump math
MULTIPLYING POTENTIAL.

Logique numérale 2

NS4-88: Le partage et les fractions (avancé)

1. Sarah a 8 pièces de 1 ¢.

   Elle en perd 2.

   Pour trouver la fraction des cents qu'elle a perdues, elle dessine 8 points (en groupes de 2).

 ← *Cela prend 4 groupes de 2 pour faire 8.* **Donc 2 est $\frac{1}{4}$ de 8.**

   Sarah a perdu $\frac{1}{4}$ de ses cents.

   Complète chaque énoncé en dessinant une image en premier. La première est déjà faite pour toi.

   a) 2 est $\boxed{\dfrac{1}{3}}$ de 6

   b) 2 est $\boxed{}$ de 4

   c) 3 est $\boxed{}$ de 12

   d) 3 est $\boxed{}$ de 9

   e) 4 est $\boxed{}$ de 12

   f) 5 est $\boxed{}$ de 15

2. Une équipe de soccer joue 12 parties. Elle en gagne 5.

   L'équipe a-t-elle gagné plus de la moitié de ses parties?

   Explique comment tu as trouvé ta réponse.

3. Andy trouve $\frac{2}{3}$ de 12 comme ceci :

   - Il divise premièrement 12 par 3.
   - Il multiplie ensuite la réponse par 2.

   Fais un dessin en utilisant des points et des cercles pour montrer pourquoi cela fonctionnerait.

   Trouve ensuite $\frac{2}{3}$ de 15 en utilisant la méthode d'Andy.

4. Gérald a 10 oranges. Il donne $\frac{3}{5}$ de ses oranges.

   a) Combien en a-t-il donnés?

   b) Combien en a-t-il gardés?

   c) Comment as-tu trouvé ta réponse de la partie b)? (As-tu utilisé un calcul, une image, un modèle ou une liste?)

Logique numérale 2

NS4-89: Encore des nombres fractionnaires et des fractions impropres

1. Écris les nombres fractionnaires qui manquent sur la droite numérique.

a)

b)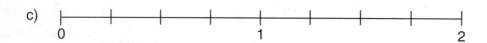

c)

d)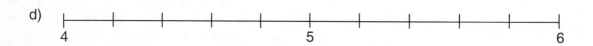

e)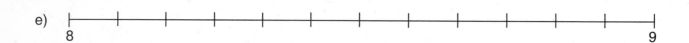

2. Continue les régularités.

a) $3\frac{2}{5}$, $3\frac{3}{5}$, $3\frac{4}{5}$, _____ , _____

b) $4\frac{3}{7}$, $4\frac{4}{7}$, $4\frac{5}{7}$, _____ , _____

3. Remplis les espaces vides.

a) $2\frac{1}{4}$ tartes = __9__ quarts

$2\frac{1}{4}$ = $\frac{9}{4}$

b) $3\frac{3}{4}$ tartes = _____ quarts

$3\frac{3}{4}$ =

c) $4\frac{1}{4}$ tartes = _____ quarts

$4\frac{1}{4}$ =

d) $3\frac{1}{3}$ tartes = _____ tiers

$3\frac{1}{3}$ =

e) $4\frac{2}{3}$ tartes = _____ tiers

$4\frac{2}{3}$ =

f) $5\frac{1}{3}$ tartes = _____ tiers

$5\frac{1}{3}$ =

g) $2\frac{2}{5}$ tartes = __ cinquièmes

$2\frac{2}{5}$ =

h) $1\frac{4}{5}$ tartes = ___ cinquièmes

$1\frac{4}{5}$ =

i) $3\frac{2}{5}$ tartes =_____ cinquièmes

$3\frac{2}{5}$ =

Logique numérale 2

NS4-90: Additionner et soustraire des fractions (introduction)

1. Imagine que tu déplaces les morceaux coloriés des tartes A et B à la tarte C. Montre comment serait remplie la tarte C et écris la fraction représentée.

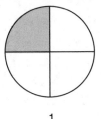 A   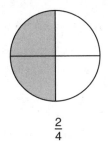 B   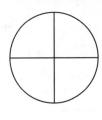 C

$$\frac{1}{4} \quad + \quad \frac{2}{4} \quad = \quad \underline{\hspace{1cm}}$$

2. Imagine que tu verses le liquide des contenants A et B dans le contenant C. Colorie la quantité de liquide qui serait dans le contenant C.
   Complète ensuite les énoncés d'addition.

a)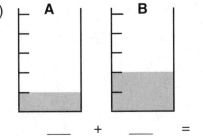

$$\underline{\hspace{0.8cm}} \quad + \quad \underline{\hspace{0.8cm}} \quad = \quad \underline{\hspace{0.8cm}}$$
$$5 \qquad\qquad 5$$

b)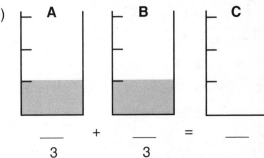

$$\underline{\hspace{0.8cm}} \quad + \quad \underline{\hspace{0.8cm}} \quad = \quad \underline{\hspace{0.8cm}}$$
$$3 \qquad\qquad 3$$

3. Additionne.

a) $\dfrac{3}{5} + \dfrac{1}{5} =$ b) $\dfrac{2}{4} + \dfrac{1}{4} =$ c) $\dfrac{3}{7} + \dfrac{2}{7} =$ d) $\dfrac{5}{8} + \dfrac{2}{8} =$

e) $\dfrac{3}{11} + \dfrac{7}{11} =$ f) $\dfrac{5}{17} + \dfrac{9}{17} =$ g) $\dfrac{11}{24} + \dfrac{10}{24} =$ h) $\dfrac{18}{57} + \dfrac{13}{57} =$

4. Montre combien de tartes il y aurait si tu enlevais la quantité indiquée.
   Complète ensuite l'énoncé de fraction.

a)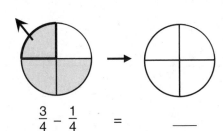

$$\frac{3}{4} - \frac{1}{4} \quad = \quad \underline{\hspace{1cm}}$$

b)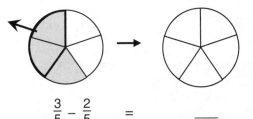

$$\frac{3}{5} - \frac{2}{5} \quad = \quad \underline{\hspace{1cm}}$$

5. Soustrais.

a) $\dfrac{2}{3} - \dfrac{1}{3} =$ b) $\dfrac{3}{5} - \dfrac{2}{5} =$ c) $\dfrac{6}{7} - \dfrac{3}{7} =$ d) $\dfrac{5}{8} - \dfrac{2}{8} =$

e) $\dfrac{9}{12} - \dfrac{2}{12} =$ f) $\dfrac{6}{19} - \dfrac{4}{19} =$ g) $\dfrac{9}{28} - \dfrac{3}{28} =$ h) $\dfrac{17}{57} - \dfrac{12}{57} =$

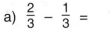

Logique numérale 2

1.

   Montre deux différentes façons de regrouper les carrés en quantités égales. Les fractions quatre huitièmes ($\frac{4}{8}$), deux quarts ($\frac{2}{4}$) et une demie ($\frac{1}{2}$) sont-elles pareilles ou différentes? Explique.

   _____

   _____

2. 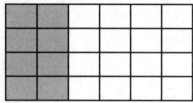   Écris quatre fractions équivalentes pour la quantité coloriée.

   _____   _____   _____   _____

3. Quelle fraction représente la plus grande partie d'une tarte? $\frac{5}{2}$ ou $\frac{7}{2}$?

   Comment le sais-tu?

   _____

   _____

4. Fais un dessin pour t'aider à trouver la fraction la plus grande.

   a) $3\frac{1}{2}$ ou $2\frac{1}{2}$ b) $\frac{7}{4}$ ou $\frac{5}{4}$ c) $3\frac{1}{2}$ ou $\frac{5}{2}$ d) $2\frac{1}{3}$ ou $\frac{8}{3}$

5. Écris les nombres fractionnaires suivants sous forme de fractions impropres.

   a) $2\frac{1}{4}$ b) $3\frac{2}{3}$ c) $2\frac{3}{5}$ d) $4\frac{1}{2}$

6. Laquelle est la plus grande : $\frac{7}{3}$ ou $\frac{5}{2}$? Comment le sais-tu? Fais un modèle.

7. $\frac{7}{4}$ se situe entre deux nombres entiers. Lesquels?

8.    Beth fait une courtepointe noire et blanche. Elle a complété les deux tiers (voir le diagramme à la gauche).

   Combien de carrés noirs y aura-t-il dans la courtepointe quand elle aura terminé?

NS4-92: Écrire les dollars et les cents

Ces tableaux montrent comment écrire des montants d'argent en dollars et en cents.

	Cents	Dollar (notation décimale)
Soixante-cinq cents	65 ¢	0,65 $

10 ¢ ↗ ↖ 1 ¢

	Cents	Dollar (notation décimale)
Sept cents	7 ¢	0,07 $

10 ¢ ↗ ↖ 1 ¢

Une pièce de *10 ¢* est un <u>dixième</u> de 1 dollar. Une pièce de *1 ¢* est un <u>centième</u> de 1 dollar.

- -

1. Écris le montant total d'argent présenté dans les tableaux sous forme de cents et de dollars en notation décimale .

a)

10 ¢	1 ¢
3	4

= __34__ ¢ = __0,34__ $

b)

10 ¢	1 ¢
0	5

= _____ ¢ = _____ $

c)

10 ¢	1 ¢
4	3

= _____ ¢ = _____ $

d)

10 ¢	1 ¢
8	7

= _____ ¢ = _____ $

e)

10 ¢	1 ¢
5	4

= _____ ¢ = _____ $

f)

10 ¢	1 ¢
0	9

= _____ ¢ = _____ $

g)

10 ¢	1 ¢
0	2

= _____ ¢ = _____ $

h)

10 ¢	1 ¢
7	5

= _____ ¢ = _____ $

i)

10 ¢	1 ¢
0	1

= _____ ¢ = _____ $

2. Compte les pièces de monnaie et écris le montant total en dollars sous forme de notation décimale.

a) (10¢) (10¢) (5¢) (5¢) (1¢) (1¢) (1¢)

b) (25¢) (10¢) (10¢) (1¢) (1¢)

montant total = _____ ¢ = _____ $ montant total = _____ ¢ = _____ $

c) (25¢) (25¢) (10¢) (10¢) (5¢) (1¢)

d) (25¢) (25¢) (25¢) (10¢)

montant total = _____ ¢ = _____ $ montant total = _____ ¢ = _____ $

e) (25¢) (10¢) (10¢) (10¢) (10¢) (5¢) (1¢)

f) (25¢) (10¢) (10¢) (5¢) (5¢) (1¢) (1¢)

montant total = _____ ¢ = _____ $ montant total = _____ ¢ = _____ $

BONUS

g) 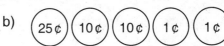 (25¢) (25¢) (10¢) (10¢) (10¢) (5¢) (1¢) (1¢) (1¢)

montant total = _____ ¢ = _____ $

Logique numérale 2

3. Complète le tableau.

	Montant en ¢	Dollars	10 ¢	1 ¢	Montant en $
a)	143 ¢	1	4	3	1,43 $
b)	47 ¢				
c)	325 ¢				
d)	3 ¢				
e)	816 ¢				

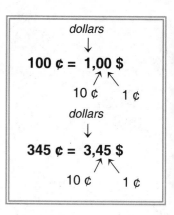

4. Écris chaque montant en cents.

a) 3,00 $ = ___300 ¢___   b) 0,60 $ = _____   c) 0,08 $ = _____   d) 1,00 $ = _____

e) 7,00 $ = _____   f) 12,00 $ = _____   g) 15,00 $ = _____   h) 14,00 $ = _____

i) 1,99 $ = _____   j) 1,11 $ = _____   k) 1,51 $ = _____   l) 1,37 $ = _____

m) 0,98 $ = _____   n) 0,55 $ = _____   o) 0,03 $ = _____   p) 0,08 $ = _____

5. Écris chaque montant en dollars.

a) 254 ¢ = ___2,54 $___   b) 103 ¢ = _____   c) 216 ¢ = _____   d) 375 ¢ = _____

e) 300 ¢ = _____   f) 4 ¢ = _____   g) 7 ¢ = _____   h) 90 ¢ = _____

i) 600 ¢ = _____   j) 1000 ¢ = _____   k) 1200 ¢ = _____   l) 1600 ¢ = _____

m) 64 ¢ = _____   n) 99 ¢ = _____   o) 3 ¢ = _____   p) 56 ¢ = _____

6. Complète chaque régularité en comptant le type de pièces de monnaie montré. Écris tes réponses en dollars et en cents.

a)   b)

___25 ¢___ , _____ , _____ , _____ , _____   ___200 ¢___, _____ , _____ , _____ , _____

___0,25 $___, _____ , _____ , _____ , _____   ___2,00 $___, _____ , _____ , _____ , _____

c)   d)

_____ , _____ , _____   _____ , _____ , _____ , _____

_____ , _____ , _____   _____ , _____ , _____ , _____

1. Complète le tableau tel que dans l'exemple a).

Montant en dollars	Montant en cents	Total
a) (2 $) (1 $) = __3 $__	(25¢) (10¢) = __35 ¢__	__3,35 $__
b) (2 $) (2 $) (2 $) = _____	(5¢) (5¢) (1¢) = _____	_____
c) (2 $) (2 $) = _____	(10¢) (10¢) (5¢) = _____	_____
d) (2 $) (2 $) (2 $) = _____	(25¢) (25¢) (5¢) = _____	_____
e) [5] [5] = _____	(5¢) (1¢) (1¢) = _____	_____
f) [10] [10] = _____	(5¢) (5¢) (1¢) = _____	_____

2. Compte les pièces de monnaie. Écris le montant total en cents et en dollars (décimales).

Pièces de monnaie	Cents	Dollars
a) (25¢) (25¢) (25¢) (25¢) (5¢)	__105 ¢__	__1,05 $__
b) (25¢) (25¢) (25¢) (10¢) (10¢) (1¢)	_____	_____
c) (25¢) (25¢) (25¢) (25¢) (25¢) (25¢)	_____	_____
d) (25¢) (25¢) (25¢) (10¢) (10¢) (10¢) (5¢)	_____	_____

3. Alicia a payé son crayon avec 3 pièces. Il coute ,75 $. Quelles pièces a-t-elle utilisées?

4. Alain a acheté une boîte de marqueurs pour 3,50 $. Il a payé avec 4 pièces. Lesquelles?

5. L'allocation de Tanya est de 5,25 $. Sa mère lui donne 4 pièces. Lesquelles?

jump math
MULTIPLYING POTENTIAL.

Logique numérale 2

NS4-94: Écrire les dollars et les cents (suite)

Les valeurs en **dollars** et en **cents** sont reliées ainsi :

$$1,00 \text{ \$} = 100 \text{ ¢} \qquad 0,50 \text{ \$} = 50 \text{ ¢} \qquad 0,05 \text{ \$} = 5 \text{ ¢} \qquad 3,82 \text{ \$} = 382 \text{ ¢}$$

----

1. Change en cents le montant qui est donné en dollars. Encercle le montant le plus élevé.

   a) 175 ¢   ou   1,73 $ b) 1,00   ou   101 ¢   c) 6 ¢   ou   0,04 $

   d) 5,98 $ ou   597 ¢   e) 650 ¢   ou   6,05 $ f) 0,87 $ ou   187 ¢

2. Écris les montants suivants en dollars. Encercle ensuite le montant le plus élevé de chaque paire.

   a) vingt-trois dollars et quatre-vingt-cinq cents   ou   trois dollars et vingt-huit cents

   _____   _____

   b)   neuf dollars et soixante-dix cents   ou   neuf dollars et quatre-vingt-deux cents

   _____   _____

   c)   huit dollars et soixante-quinze cents   ou   863 ¢

   _____   _____

   d)   douze dollars et soixante cents   ou   12,06 $

   _____   _____

3. Écris chaque montant en cents et en dollars. La première question est déjà faite.

   a) 7 cents   = __7 ¢__ = __,07 $__   b) 4 cinq cents   = _____ = _____   c) 6 dix cents   = _____ = _____

   d) 4 cents   = _____ = _____   e) 13 cents   = _____ = _____   f) 1 vingt-cinq cents   = _____ = _____

   g) 5 cinq cents   = _____ = _____   h) 3 vingt-cinq cents   = _____ = _____   i) 8 dix cents   = _____ = _____

   j) 6 deux-dollars = _____ = _____   k) 4 dollars   = _____ = _____   l) 7 dollars   = _____ = _____

4. Quelle est la quantité d'argent la plus élevée : 168 ¢ ou 1,65 $? Explique. _____

   _____

Jenny fait un tableau avec le **nom** des pièces de monnaie canadiennes et leur **valeur** :

Une cent	Cinq cents	Dix cents	Vingt-cinq cents	Un dollar	Deux dollars
1 cent	5 cents	10 cents	25 cents	100 cents	200 cents
0,01 $	0,05 $	0,10 $	0,25 $	1,00 $	2,00 $
1 ¢	5 ¢	10 ¢	25 ¢	100 ¢	200 ¢

----

1. Encercle la façon <u>correcte</u> d'écrire les montants d'argent (canadienne) suivants. Fais un « x » sur les façons <u>incorrectes</u>.

        Exemple :   (1,00 $)   ~~4,6832 $~~

0,45 ¢	2,34 $	$15,958	10.05 $	&18,66	&56¢
¢23	¢676	$85,32	0,95 $	¢36	$0,17
¢15,18	$25,30	36 ¢	18,50 $	95.99 $	$12,3560

2. Fais une flèche entre l'image d'une pièce de monnaie et sa valeur.
    ATTENTION : Il y a plus de réponses que de pièces.

3,00 $ 2,00 $ 1,00 $ 25 ¢   1 ¢   10 ¢   0,05 $ 13 ¢   0,75 $ 15 ¢

3. Fais une flèche entre l'image d'un billet et sa valeur. Il y a plus de réponses que de billets.

5,00 $ 20,00 $ 100,00 $ 10,00 $ 50,00 $ 1000,00 $ 500,00 $

1. Additionne.

a)

	5	3
+	4	2

b)

	7	5
+		2

c)

	2	4
+	3	0

d)

	8	0
+		9

e)

	6	3
+	1	6

2. Shelly a dépensé 12,50 $ pour une blouse et 4,35 $ pour une paire de bas.

Pour trouver combien elle a dépensé, elle additionne les montants en suivant les étapes suivantes :

1	2 ,	5	0	$
+	4 ,	3	5	$

Étape 1 :
Elle a aligné les virgules et les chiffres.

1	2 ,	5	0	$
+	4 ,	3	5	$
1	6 ,	8	5	

Étape 2 :
Elle a additionné les nombres en commençant avec les cents.

1	2 ,	5	0	$
+	4 ,	3	5	$
1	6 ,	8	5	$

Étape 3 :
Elle a ajouté une virgule et un signe de dollar pour montrer le total.

Trouve le montant total en additionnant.

a) 5,45 $ + 3,23 $

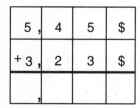

b) 22,26 $ + 15,23 $

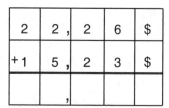

c) 18,16 $ + 20,32 $

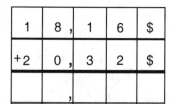

3. Tu dois regrouper pour additionner les montants suivants.

a)

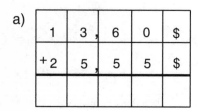

b)

1	8 ,	2	5	$
5	3 ,	1	2	$

c)

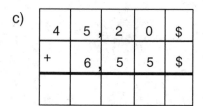

d)

3	2 ,	6	0	$
+ 2	8 ,	0	0	$

e)

1	5 ,	6	0	$
+ 1	9 ,	2	5	$

f)

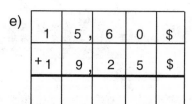

Logique numérale 2

Réponds aux questions suivantes dans ton cahier de notes.

4. Ari a payé 23 ¢ pour un muffin et 35 ¢ pour une pomme. Combien a-t-il dépensé en tout?

5. Alain a acheté un livre pour 14,25 $ et une boîte de chandelles pour 10,14 $.
Combien a-t-il dépensé en tout?

6. Pour avoir gardé des enfants, Meera a économisé 6 dollars, 5 dix cents et 3 cents.

Kyle, lui, a économisé un billet de 5 dollars, 3 deux dollars, 2 dix cents et 4 cents.

Qui a économisé le plus d'argent?

7. Mansa a 18 $.

a) Si elle dépense 12,00 $ pour un film, peut-elle acheter un magazine pour 3,29 $?

b) Si elle achète un livre de 7,50 $ et une casquette pour 9,00 $, peut-elle s'acheter un billet de métro pour 2,25 $?

8. Quatre enfants ont acheté un chien d'un refuge pour animaux.

✓ Anthony a payé avec 2 vingt dollars, 1 deux dollars, 1 dollar, 2 vingt-cinq cents et 1 cinq cents.

✓ Mike a payé avec 2 dix dollars, 8 dollars et 1 vingt-cinq cents.

✓ Sandor a payé avec 1 vingt dollars et 1 dix dollars, 1 dollar and 3 vingt-cinq cents.

✓ Tory a payé avec 2 vingt dollars, 4 deux dollars, 1 dollar et 3 dix cents.

Trouve le montant que chaque enfant a payé. Écris ensuite leur nom sous le chien qu'ils ont acheté.

Chien A	Chien B	Chien C	Chien D	Chien E	Chien F
31,75 $	49,30 $	42,68 $	44,34 $	36,25 $	43,55 $

9. Essaie de répondre aux questions suivantes en calculant dans ta tête.

a) Combien coûtent 3 roses de 1,25 $ chacune?

b) Combien de citrons de 30 ¢ peux-tu acheter avec 1,00 $?

c) Un cahier de dessins coûte 5,25 $. Combien peux-tu en acheter avec 26,00 $?

Logique numérale 2

1. Trouve le montant d'argent qui reste en soustrayant.

a)
	2 ,	8	4	$
−	1 ,	3	1	$

b)
	7 ,	2	9	$
−	4 ,	0	5	$

c)
	9 ,	6	7	$
−	4 ,	2	6	$

d)
	7 ,	8	6	$
−	5 ,	2	3	$

e)
	5 ,	5	4	$
−	3 ,	3	4	$

2. Soustrais et trouve les montants d'argent en regroupant une ou deux fois.

Exemple :

Étape 1 :

	5	10		
	6̸ ,	0̸	0	$
−	4 ,	3	5	$

Étape 2 :

	5	9 10̸	10	
	6̸ ,	0̸	0̸	$
−	4 ,	3	5	$
	1 ,	6	5	$

a)
	7 ,	0	0	$
−	4 ,	4	5	$

b)
	9 ,	0	0	$
−	3 ,	2	6	$

c)
	9 ,	0	4	$
−	8 ,	9	5	$

d)
	5	3 ,	0	0	$
−	2	2 ,	3	1	$

e)
	4	7 ,	4	5	$
−	3	8 ,	4	5	$

f)
	2	7 ,	4	8	$
−	1	3 ,	6	6	$

3. Val a 1,85 $. Il prête 1,45 $ à son ami.
   Combien d'argent lui reste-t-il?

4. Chris a dépensé 4,23 $ pour son dîner.
   Il a payé avec un billet de cinq dollars. Calcule la monnaie qui lui revient.

5. Anya est allé à l'épicerie avec 10,00 $.
   Peut-elle acheter du pain pour 2,50 $, du jus pour 4,00 $ et des céréales pour 4,50 $?
   Si non, combien lui manquera-t-elle?

6. Mark a 25,00 $.
   Il veut acheter une chemise pour 14,95 $ et des pantalons pour 16,80 $.
   De combien d'argent de plus a-t-il besoin pour acheter la chemise et les pantalons?

Logique numérale 2

NS4-98: Estimer

1. Pour chaque ensemble de pièces et de billets, estime le montant au dollar près et compte ensuite le montant.

		Total estimé (au dollar près)	Total calculé
a)	10 5	25¢ 5¢ 5¢ 1¢		
b)	20 10	25¢ 25¢ 25¢ 10¢		
c)	20 5	2$ 10¢ 10¢ 1¢		
d)	10 10	2$ 25¢ 25¢		

2. Arrondis les montants en cents suivants à la dizaine près. Le premier est déjà fait.

a) 54 ¢ [50 ¢]

b) 35 ¢ [ ]

c) 82 ¢ [ ]

d) 66 ¢ [ ]

e) 45 ¢ [ ]

f) 71 ¢ [ ]

g) 19 ¢ [ ]

h) 18 ¢ [ ]

i) 89 ¢ [ ]

j) 14 ¢ [ ]

k) 38 ¢ [ ]

l) 56 ¢ [ ]

> **SOUVIENS-TOI :**
>
> Si le chiffre des <u>unités</u> est :
>
> **0, 1, 2, 3 ou 4** – arrondis vers le **bas**
>
> **5, 6, 7, 8 ou 9** – arrondis vers le **haut**

3. Encercle le montant dont les <u>cents</u> sont moins de 50 ¢. Le premier est déjà fait.

a) (8,45 $)   b) 6,80 $ c) 2,24 $ d) 8,74 $ e) 9,29 $ f) 5,55 $

45 est moins de 50

g) 4,45 $ h) 3,50 $ i) 5,40 $ j) 9,29 $ k) 5,49 $ l) 7,51 $

4. Arrondis les montants suivants au dollar près.

a) 5,65 $ [6,00 $]

b) 13,32 $ [ ]

c) 22,75 $ [ ]

d) 6,55 $ [ ]

e) 37,35 $ [ ]

f) 12,22 $ [ ]

g) 48,15 $ [ ]

h) 411,50 $ [ ]

i) 4,24 $ [ ]

j) 35,42 $ [ ]

k) 29,75 $ [ ]

l) 45,89 $ [ ]

> **SOUVIENS-TOI :**
>
> Si le montant des cents est <u>moins de</u> 50 ¢, arrondis vers le **bas**.
>
> Si le montant des cents est <u>égal ou plus de</u> 50 ¢, arrondis vers le **haut**.

5. Estime les sommes et les différences suivantes en arrondissant chaque montant au dollar près.

a)
$$5,49\ \$$$
$$+\ 3,20\ \$$$

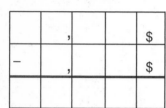

5	,	0	0	$
+3	,	0	0	$
8	,	0	0	$

b)
$$9,53\ \$$$
$$-\ 2,14\ \$$$

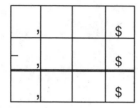

c)
$$2,75\ \$$$
$$+\ 5,64\ \$$$

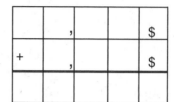

d)
$$7,78\ \$$$
$$-\ 2,85\ \$$$

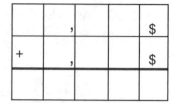

e)
$$39,78\ \$$$
$$-\ 23,56\ \$$$

f)
$$26,78\ \$$$
$$+\ 13,45\ \$$$

g)
$$26,65\ \$$$
$$+\ 15,33\ \$$$

Résous les problèmes suivants en arrondissant et en estimant.

6. Jasmine a 10,00 $.
Elle achète un pinceau de 2,27 $.
Estime combien de monnaie elle
recevra en retour.

7. Tony dépense 12,35 $ et Sayaka dépense
26,91 $ à l'épicerie. Environ combien
Sayaka a-t-elle dépensé de plus que
Tony?

8. Todd dépense 8,64 $ pour du jus, 6,95 $ pour
des légumes et des trempettes et 12,64 $ pour
des baguettes.
Environ combien a-t-il
dépensé en tout?

9. Donna a acheté du matériel
scolaire pour ses trois enfants.
Elle a dépensé 13,78 $ par
enfant.
Environ combien d'argent
Donna a-t-elle dépensé en
tout?

10. Pour chaque problème ci-dessous, estime et
calcule le montant <u>exact</u>.

  a) Dianna a 4,26 $. Erick a 2,34 $.
     Combien d'argent Dianna a-t-elle de plus?

  b) Maribel a 19,64 $. Sharon a 7,42 $.
     Combien d'argent ont-elles en tout?

11. Jason a économisé 16,95 $.
A-t-il assez d'argent pour acheter un livre
de 8,77 $ et un cartable de 6,93 $?

12. Explique pourquoi arrondir au dollar n'aide pas à résoudre la question suivante :

« Patrick a 7,23 $. Jill a 6,92 $. Environ combien d'argent Patrick a-t-il de plus que Jill? »

On peut représenter les **dixièmes** (ou $\frac{1}{10}$) de différentes façons.

Un dixième d'une tarte.

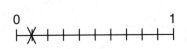

Un dixième de la distance entre 0 et 1.

Un dixième d'un bloc de centaines.

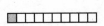

Un dixième d'un bloc de dizaines.

Les dixièmes sont souvent utilisés comme unité de mesure (1 millimètre est 1 dixième d'un centimètre).

Les mathématiciens ont inventé les décimales pour créer une façon plus courte d'écrire les fractions :
$\frac{1}{10}$ = ,1 (or 0,1), $\frac{2}{10}$ = ,2 et ainsi de suite.

---

1. Écris une fraction dans les boîtes ci-dessous pour chacune des parties coloriées.

   a)

   b)

   c)

   d)

2. Écris une fraction ET une décimale dans les boîtes pour chacune des parties coloriées.

   a)

   b)

   c)

   d)

3. Écris une décimale pour chacune des parties coloriées. Ensuite, additionne-les et colorie ta réponse. La première est déjà faite pour toi.

   a) ,2 + ,2 = ,4

   b)

   c)

   d)

   e)

   f)

   g)

   h)

   i)

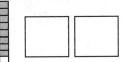

4. Continue la régularité : 0,2 , 0,4 , 0,6 , _____ , _____

NS4-100: Les valeurs de position (décimales)

Les fractions dont les dénominateurs sont des multiples de dix (dixièmes, centièmes) sont communes dans les unités de mesure.

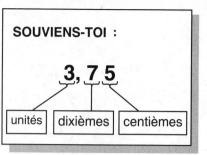

- Un millimètre est un dixième d'un centimètre (10 mm = 1 cm)
- Un centimètre est un dixième d'un décimètre (10 cm = 1 dm)
- Un décimètre est un dixième d'un mètre (10 dm = 1 m)
- Un centimètre est un centième d'un mètre (100 cm = 1 m)

Les **décimales** sont des formes courtes de fractions. Le tableau montre la valeur des chiffres des décimales.

---

1. Écris la valeur de position des chiffres soulignés.

a) 2,6<u>3</u>   centièmes

b) 3,<u>2</u>1

c) <u>7</u>,52

d) 5,<u>2</u>9

e) 9,9<u>8</u>

f) <u>1</u>,05

g) <u>0</u>,32

h) 5,5<u>5</u>

i) 6,<u>4</u>2

2. Écris la valeur de position du chiffre 7 dans chacun des nombres ci-dessous.

a) 2,73

b) 9,73

c) 0,47

d) 2,07

e) 0,07

f) 7,83

g) 9,75

h) 2,37

i) 6,67

3. Écris les nombres suivants dans le tableau des valeurs de position.

	Unités	Dixièmes	Centièmes
a) 6,02	6	0	2
b) 8,36			
c) 0,25			
d) 1,20			
e) 0,07			

Logique numérale 2

NS4-101: Les centièmes

1. Compte le nombre de carrés coloriés. Écris une fraction qui représente la section coloriée des carrés de centaines. Écris ensuite la fraction sous forme de décimale.
   INDICE : Compte par 10 pour chaque colonne ou rangée coloriée.

a)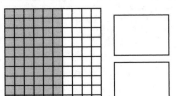

b)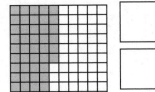

c)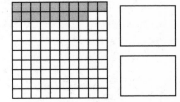

d)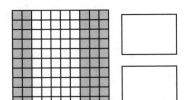

e)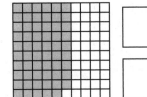

f)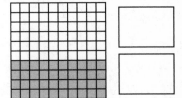

g)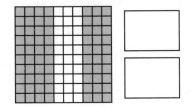

h)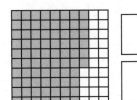

i)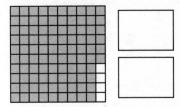

2. Convertis chaque fraction en décimale. Colorie-la ensuite.

a) $\dfrac{38}{100}$ =

b) $\dfrac{45}{100}$ =

c) $\dfrac{5}{100}$ =

3. Écris une fraction et une décimale pour chaque partie coloriée.

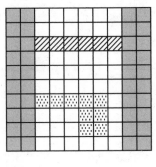

4. Choisis 3 façons de colorier. Écris une fraction et une décimale pour chaque partie coloriée.

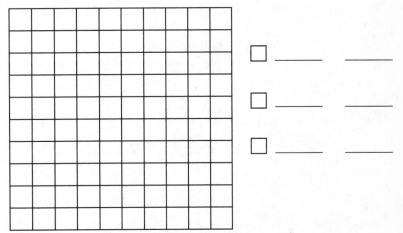

Logique numérale 2

1. Écris une fraction et une décimale qui représentent le nombre de carrés coloriés.

a)
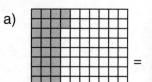

32 centièmes = 3 centièmes ___ dixièmes

$\frac{32}{100}$ = , _3_ _2_

b)
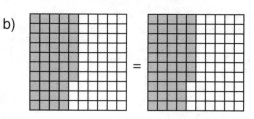

___ centièmes = ___ dixièmes ___ centièmes

$\overline{100}$ = , ___ ___

c)
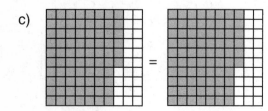

___ centièmes = ___ dixièmes ___ centièmes

$\overline{100}$ = , ___ ___

d)
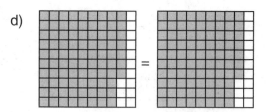

___ centièmes = ___ dixièmes ___ centièmes

$\overline{100}$ = , ___ ___

2. Remplis les espaces vides.

a) 71 centièmes = ___ dixièmes ___ centième

$\frac{71}{100}$ = , _7_ _1_

b) 28 centièmes = ___ dixièmes ___ centièmes

$\overline{100}$ = , ___ ___

c) 41 centièmes = ___ dixièmes ___ centième

$\overline{100}$ = , ___ ___

d) 60 centièmes = ___ dixièmes ___ centièmes

$\overline{100}$ = , ___ ___

e) 8 centièmes = ___ dixièmes ___ centièmes

$\overline{100}$ = , ___ ___

f) 2 centièmes = ___ dixièmes ___ centièmes

$\overline{100}$ = , ___ ___

3. Décris la décimale de deux façons.

a) ,52 = _5_ dixièmes _2_ centièmes

= ___ 52 centièmes ___

b) ,83 = ___ dixièmes ___ centièmes

= _____

c) ,24 = ___ dixièmes ___ centièmes

= _____

d) ,70 = ___ dixièmes ___ centièmes

= _____

e) ,07 = ___ dixièmes ___ centièmes

= _____

f) ,02 = ___ dixièmes ___ centièmes

= _____

1. Complète le tableau ci-dessous. La première rangée est déjà faite pour toi.

Dessin	Fraction	Décimale	Décimale équivalente	Fraction équivalente	Dessin
	$\frac{5}{10}$	0,5	0,50	$\frac{50}{100}$	

2. Écris une fraction pour les <u>dixièmes</u>. Compte ensuite les colonnes coloriées et écris une fraction pour les <u>centièmes</u>.

a)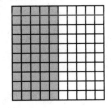

$\overline{\quad}100 = \overline{\quad}10$

b)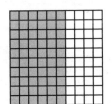

$\overline{\quad}100 = \overline{\quad}10$

c)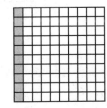

$\overline{\quad}100 = \overline{\quad}10$

d)

$\overline{\quad}100 = \overline{\quad}10$

3. Ajoute les nombres qui manquent.

SOUVIENS-TOI : $\frac{10}{100} = \frac{1}{10}$

a) $,2 = \frac{2}{10} = \frac{\quad}{100} = ,\underline{\ \ }\underline{\ \ }$

b) $,\underline{\ \ } = \frac{3}{10} = \frac{\quad}{100} = ,30$

c) $,\underline{\ \ } = \frac{7}{10} = \frac{\quad}{100} = ,70$

d) $,\underline{\ \ } = \frac{5}{10} = \frac{\quad}{100} = ,\underline{\ \ }\underline{\ \ }$

e) $,\underline{\ \ } = \frac{\quad}{10} = \frac{60}{100} = ,\underline{\ \ }\underline{\ \ }$

f) $,\underline{\ \ } = \frac{\quad}{10} = \frac{90}{100} = ,\underline{\ \ }\underline{\ \ }$

g) $,\underline{\ \ } = \frac{1}{10} = \frac{\quad}{100} = ,\underline{\ \ }\underline{\ \ }$

h) $,\underline{\ \ } = \frac{8}{10} = \frac{\quad}{100} = ,\underline{\ \ }\underline{\ \ }$

i) $,4 = \frac{\quad}{10} = \frac{\quad}{100} = ,\underline{\ \ }\underline{\ \ }$

NS4-104: Les décimales et l'argent

Une pièce de **dix cents** est **un dixième** d'un dollar. **Un cent** est un **centième** d'un dollar.

1. Exprime la valeur de chaque décimale de quatre différentes façons.

a)   ,73

_____ 7 dixièmes 3 centièmes _____

_____ 73 cents _____

_____ 73 centièmes _____

_____

b)   ,62

_____

_____

_____

_____

c)   ,48

_____

_____

_____

_____

d)   ,03

_____

_____

_____

_____

e)   ,09

_____

_____

_____

_____

f)   ,19

_____

_____

_____

_____

2. Exprime la valeur de chaque décimale de quatre différentes façons.
    INDICE : Ajoute un zéro à la place des centièmes en premier.

a) ,6 _____ dix cents _____ cents

_____ centièmes _____ dixièmes

_____ cents

_____ dixièmes

b) ,8 _____ dix cents _____ cents

_____ centièmes _____ dixièmes

_____ cents

_____ dixièmes

3. Exprime la valeur de chaque décimale de quatre différentes façons. Encercle le plus grand nombre.

a) ,3 _____ dix cents _____ cents

_____ centièmes _____ dixièmes

_____ cents

_____ dixièmes

b) ,18 _____ dix cents _____ cents

_____ centièmes _____ dixièmes

_____ cents

_____ dixièmes

4. Fred dit que ,32 est plus grand que ,5 parce que 32 est plus grand que 5. Explique son erreur.

Logique numérale 2

1. Ajoute les nombres qui manquent.

a)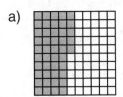

b)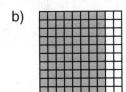

c)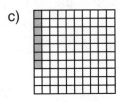

d)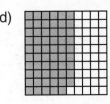

dixièmes	centièmes

dixièmes	centièmes

dixièmes	centièmes

dixièmes	centièmes

$\overline{100}$ = , $\underset{\text{dixièmes}}{\rule{1cm}{0.4pt}}$ $\underset{\text{centièmes}}{\rule{1cm}{0.4pt}}$

$\overline{100}$ = , _____ _____

$\overline{100}$ = , _____ _____

$\overline{100}$ = , _____ _____

2. Écris les décimales suivantes sous forme de fractions.

a) ,7 = $\overline{10}$

b) ,3 = $\overline{10}$

c) ,5 = $\overline{10}$

d) ,1 = $\overline{10}$

e) ,9 = $\overline{10}$

f) ,23 = $\overline{100}$

g) ,48 = $\overline{100}$

h) ,66 = $\overline{100}$

i) ,73 = $\overline{100}$

j) ,29 = $\overline{100}$

k) ,07 = $\overline{100}$

l) ,02 = $\overline{100}$

m) ,09 = $\overline{100}$

n) ,01 = $\overline{100}$

o) ,04 = $\overline{100}$

p) ,7 =

q) ,8 =

r) ,05 =

s) ,7 =

t) ,07 =

u) ,2 =

v) ,35 =

w) ,04 =

x) ,8 =

y) ,6 =

z) ,02 =

aa) ,72 =

bb) ,4 =

cc) ,23 =

dd) ,25 =

3. Change les fractions suivantes en décimales.

a) $\frac{6}{10}$ = , ___

b) $\frac{3}{10}$ = , ___

c) $\frac{4}{10}$ = , ___

d) $\frac{8}{10}$ = , ___

e) $\frac{82}{100}$ = , ___ ___

f) $\frac{7}{100}$ = , ___ ___

g) $\frac{77}{100}$ = , ___ ___

h) $\frac{9}{100}$ = , ___ ___

4. Encercle les équations incorrectes.

,52 = $\frac{52}{100}$,8 = $\frac{8}{10}$,5 = $\frac{5}{100}$ $\frac{17}{100}$ = ,17 $\frac{3}{100}$ = ,03

,7 = $\frac{7}{100}$,53 = $\frac{53}{10}$,64 = $\frac{64}{100}$,05 = $\frac{5}{100}$,02 = $\frac{2}{10}$

Logique numérale 2

Utilise un bloc de centaines pour représenter un entier. 10 est un dixième de 100, alors un bloc de 10 représente un dixième d'un entier. 1 est un centième de 100, alors un bloc de 1 représente un centième d'un entier.

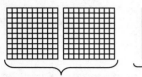

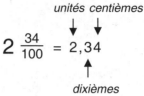

2 entiers   3 dixièmes   4 centièmes

$$2\frac{34}{100} = 2,34$$

unités centièmes   dixièmes

NOTE: Tu peux écrire un nombre fractionnaire sous forme de décimale.

---

1. Écris un nombre fractionnaire et une décimale pour les modèles de base de dix ci-dessous.

a)

b)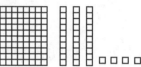

c)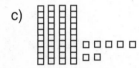

d)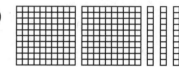

e)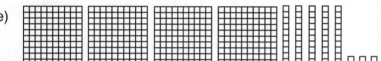

2. Dessine un modèle de base de dix pour les décimales suivantes

   a) 3,21   b) 1,62

3. Écris une décimale et un nombre fractionnaire pour chaque image ci-dessous.

a)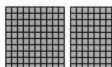

b)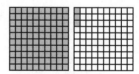

4. Écris une décimale pour chacun des nombres fractionnaires ci-dessous.

   a) $1\frac{32}{100} =$ b) $2\frac{71}{100} =$ c) $8\frac{7}{10} =$ d) $4\frac{27}{100} =$

   e) $3\frac{7}{100} =$ f) $17\frac{8}{10} =$ g) $27\frac{1}{10} =$ h) $38\frac{5}{100} =$

5. Quelle décimale représente le plus grand nombre? Explique avec un dessin.

   a) 6 dixièmes ou 6 centièmes?   b) ,8 ou ,08?   c) 1,02 ou 1,20?

jump math
MULTIPLYING POTENTIAL.

Logique numérale 2

Cette droite numérique est divisée en dixièmes.

Le nombre représenté par le point A est $2\frac{3}{10}$ ou 2,3.

----

1. Écris une décimale et une fraction (ou un nombre fractionnaire) pour chaque point.

A : $\frac{6}{10}$ = ,6   B :   C :   D :

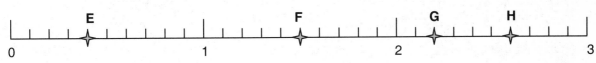

E :   F :   G :   H :

2. Fais un 'X' pour chaque point et ajoute la bonne lettre au-dessus.

A. 1,1   **B.** 2,5   **C.** ,60   **D.** 1,9

E. $1\frac{3}{10}$ **F.** $2\frac{1}{10}$ **G.** $1\frac{7}{10}$ **H.** $\frac{27}{10}$

I. cinq dixièmes   **J.** un et six dixièmes   **K.** deux et quatre dixièmes   **L.** deux virgule neuf

3. Écris chaque point sous forme de fraction (ex. sept dixièmes).

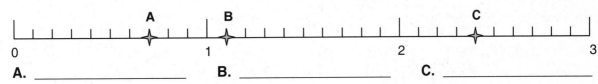

A. _____   B. _____   C. _____

4. Indique la position approximative de chaque point sur la droite numérique.

0   1   2   3

A. ,5   **B.** $1\frac{1}{10}$ **C.** 1,7   **D.** 2,5   **E.** $2\frac{9}{10}$

1.

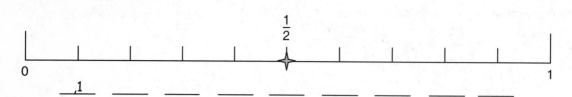

a) Écris une décimale pour chaque point sur la droite numérique. (La première est déjà faite.)

b) Quelle décimale est égale à une demie? $\frac{1}{2}$ =

2. Utilise la droite numérique de la question 1 pour voir si chaque décimale est plus près de « zéro », « une demie » ou « un ».

   a) ,2 est plus près de _____   b) ,6 est plus près de _____   c) ,9 est plus près de _____

   d) ,4 est plus près de _____   e) ,8 est plus près de _____   f) ,1 est plus près de _____

3. Utilise la droite numérique pour écrire « moins que » ou « plus grand que » entre les paires de nombres.

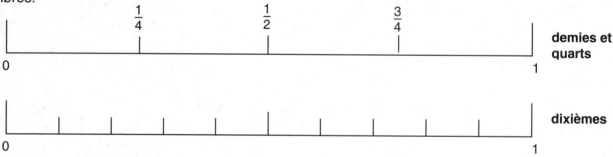

   a) 0,3 est _____ $\frac{1}{2}$ b) 0,9 est _____ $\frac{3}{4}$

   c) 0,6 est _____ $\frac{1}{4}$ d) 0,3 est _____ $\frac{1}{4}$

   e) 0,4 est _____ $\frac{1}{2}$ f) 0,7 est _____ $\frac{3}{4}$

4. Les nombres suivants sont plus près de quel nombre : « zéro », « un », « deux », ou « trois »?

   a) 1,2 est plus près de_____   b) 1,7 est plus près de_____   c) ,1 est plus près de_____

   d) 2$\frac{9}{10}$ est plus près de_____   e) ,7 est plus près de_____   f) 2,7 est plus près de_____

Logique numérale 2

1. Écris les nombres suivants en ordre croissant. Pour commencer, change chaque décimale en fraction dont le dénominateur est 10.

a) 0,7   0,3   0,5

$\boxed{\dfrac{7}{10}}$ $\boxed{}$ $\boxed{}$

b) $\dfrac{1}{10}$ 0,3   0,9

$\boxed{}$ $\boxed{}$ $\boxed{}$

c) 0,2   0,6 $\dfrac{3}{10}$

$\boxed{}$ $\boxed{}$ $\boxed{}$

_____   _____

d) 1,2   3,5   3,1

$\boxed{1\dfrac{2}{10}}$ $\boxed{}$ $\boxed{}$

e) 1,5   1,2   1,7

$\boxed{}$ $\boxed{}$ $\boxed{}$

f) $1\dfrac{1}{10}$,7   3,5

$\boxed{}$ $\boxed{}$ $\boxed{}$

_____   _____

g) $1\dfrac{3}{10}$ 1,2   1,1

$\boxed{}$ $\boxed{}$ $\boxed{}$

h) 4,5   3,2 $1\dfrac{7}{10}$

$\boxed{}$ $\boxed{}$ $\boxed{}$

i) 2,3   2,9 $2\dfrac{1}{2}$

$\boxed{}$ $\boxed{}$ $\boxed{}$

_____   _____

2. Karen dit :   « Pour comparer ,6 et ,42, j'ajoute un zéro à ,6.

,6 = 6 dixièmes = 60 centièmes = ,60

60 (*centièmes*) est plus grand que 42 (*centièmes*).   Donc ,6 est plus grand que ,42. »

Dans chaque paire, ajoute un zéro à la droite de la décimale en dixièmes. Encercle ensuite le plus grand nombre dans la paire.

a) ,7   ,52

b) ,34   ,6

c) ,82   ,5

3. Écris la décimale en une fraction dont le dénominateur est 100 en ajoutant un zéro à la décimale.

a) ,7 = $\boxed{,70}$ = $\boxed{\dfrac{70}{100}}$

b) ,6 = $\boxed{}$ = $\boxed{}$

c) ,5 = $\boxed{}$ = $\boxed{}$

4. Écris les nombres en ordre du plus petit au plus grand en changeant premièrement toutes les décimales en fractions dont le dénominateur est 100.

a) ,2   ,8   ,35

$\boxed{\dfrac{20}{100}}$ $\boxed{}$ $\boxed{}$

b) $\dfrac{27}{100}$,9   ,25

$\boxed{}$ $\boxed{}$ $\boxed{}$

c) 1,3 $1\dfrac{22}{100}$ $1\dfrac{39}{100}$

$\boxed{}$ $\boxed{}$

_____

5. 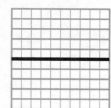 Colorie $\frac{1}{2}$ des carrés. Écris 2 fractions et 2 décimales pour $\frac{1}{2}$.

Fractions : $\frac{1}{2}$ = $\overline{10}$ = $\overline{100}$

Décimales : $\frac{1}{2}$ = ,_____ = ,_____

6. 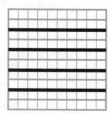 Colorie $\frac{1}{5}$ des carrés. Écris 2 fractions et 2 décimales pour $\frac{1}{5}$.

Fractions : $\frac{1}{5}$ = $\overline{10}$ = $\overline{100}$

Décimales : $\frac{1}{5}$ = ,_____ = ,_____

7. Écris les fractions équivalentes.

a) $\frac{2}{5}$ = $\overline{10}$ = $\overline{100}$ b) $\frac{3}{5}$ = $\overline{10}$ = $\overline{100}$ c) $\frac{4}{5}$ = $\overline{10}$ = $\overline{100}$

8. 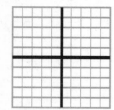 Colorie $\frac{1}{4}$ des carrés. Écris une fraction et une décimale pour $\frac{1}{4}$.

Fraction : $\frac{1}{4}$ = $\overline{100}$ Décimale : $\frac{1}{4}$ = ,_____

9. Encercle le plus grand nombre.
INDICE : Change premièrement toutes les fractions et les décimales en fractions dont le dénominateur est 100.

a) $\frac{1}{2}$,37

$\boxed{\frac{50}{100}}$ $\square$

b) $\frac{1}{4}$,52

$\square$ $\square$

c) $\frac{2}{5}$,42

$\square$ $\square$

d) ,7 $\frac{3}{5}$

$\square$ $\square$

e) ,23 $\frac{1}{5}$

$\square$ $\square$

f) ,52 $\frac{1}{2}$

$\square$ $\square$

10. Écris les nombres en ordre du plus petit au plus grand en changeant toutes les fractions et les décimales en fractions dont le dénominateur est 100.

a) ,7   ,32 $\frac{1}{2}$

b) $\frac{1}{4}$ $\frac{3}{5}$,63

c) $\frac{2}{5}$,35 $\frac{1}{2}$

_____   _____   _____

1. 1,3 est un entier et 3 dixièmes. Combien de dixièmes est-ce en tout? _____

2   a) 4,7 = _____ dixièmes   b) 7,1 = _____ dixièmes   c) 3,0 = _____ dixièmes

    d) _____ = 38 dixièmes   e) _____ = 42 dixièmes   f) _____ = 7 dixièmes

3. Additionne ou soustrais les décimales en les écrivant sous forme de centièmes en premier.

    a)   2,1   _21_ dixièmes   b)   1,3   __ dixièmes   c)   1,4   ___ dixièmes

        +   1,0   _10_ dixièmes   +   1,1   __ dixièmes   +   7,3   ___ dixièmes

            3,1   ← _31_ dixièmes   [   ]   ← __ dixièmes   [   ]   ← ___ dixièmes

    d)   2,5   ___ dixièmes   7,6   __ dixièmes   f)   8,9   ___ dixièmes

        −   1,0   ___ dixièmes   −   4,2   __ dixièmes   −   1,4   ___ dixièmes

            [   ] ←   [   ] ←   [   ] ←

            ___ dixièmes   __ dixièmes   ___ dixièmes

4. Trouve la somme ou la différence.

    a)

        ,7 + 1,0 = _____

    b)
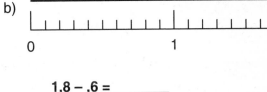

        1,8 − ,6 = _____

    Dessine tes propres flèches.

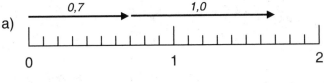

    c)   2,5 + 1,2 = _____

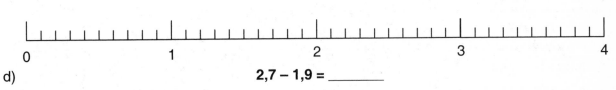

    d)   2,7 − 1,9 = _____

5. Additionne ou soustrais.

    a)   3,5   b)   4,6   c)   5,4   d)   9,2   e)   3,7   f)   2,8
        − 1,2   + 3,2   + 1,7   − 4,9   + 4,9   − 1,9

        [   ]   [   ]   [   ]   [   ]   [   ]   [   ]

1. Écris une fraction pour chaque partie coloriée. Additionne ensuite les fractions et colorie ta réponse. La première est déjà faite pour toi.

a) + =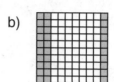

b) + =

$$\frac{20}{100} \quad + \quad \frac{55}{100} \quad = \quad \frac{75}{100}$$

 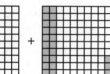

$+$ $=$

c) + 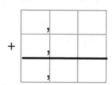 =

d)  + 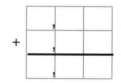 =

2. Écris les décimales qui correspondent aux fractions de la question 1.

a) ,20 + ,55 = ,75   b)

c)   d)

3. Additionne les décimales en alignant les chiffres. Assure-toi que ta réponse est une décimale.

a) 0,32 + 0,57

	0 ,	3	2
+	0 ,	5	7
	0 ,	8	9

b) 0,92 + 0,05

c) 0,54 + 0,27

d) 0,22 + 0,75

e) 0,7 + 0,25

f) 0,3 + 0,87

g) 0,72 + 0,31

h) 0,38 + 0,52

4. Additionne les décimales suivantes.

a) 0,32 + 0,17 =   b) 0,64 + 0,23 =   c) 0,46 + 0,12 =   d) 0,87 + 0,02 =

e) 0,94 + 0,03 =   f) 0,19 + 0,61 =   g) 0,67 + 0,2 =   h) 0,48 + 0,31 =

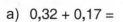

NS4-112: Soustraire les centaines

1. Soustrais en rayant le bon nombre de boîtes.

a)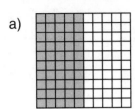

b)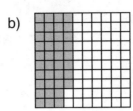

c)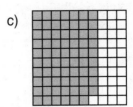

$$\frac{50}{100} - \frac{20}{100} =$$

$$\frac{38}{100} - \frac{25}{100} =$$

$$\frac{69}{100} - \frac{42}{100} =$$

2. Écris les décimales qui correspondent aux fractions de la question ci-dessus.

a) ,50 - ,20 = ,30　　　　　b)　　　　　　　　　　c)

3. Soustrais les décimales en alignant les chiffres. Regroupe quand cela est nécessaire.

a) 0,53 − 0,21　　　b) 0,93 − 0,31　　　c) 0,87 − 0,26　　　d) 0,39 − 0,11

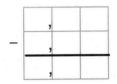
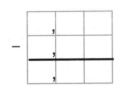
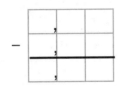
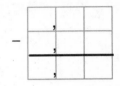

e) 0,67 − 0,59　　　f) 0,23 − 0,19　　　g) 0,74 − 0,59　　　h) 0,93 − 0,18

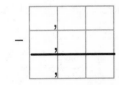
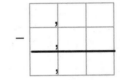
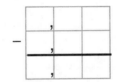

i) 1,00 − 0,46　　　j) 1,00 − 0,26　　　k) 1,00 − 0,57　　　l) 1,00 − 0,89

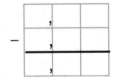
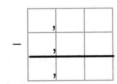
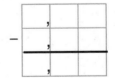
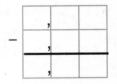

4. Soustrais les décimales suivantes.

a) ,52 − ,43　　　b) ,98 − ,36　　　c) ,75 − ,47　　　d) ,32 − ,29

e) ,58 − ,5　　　f) ,63 − ,3　　　g) ,89 − ,07　　　h) ,41 − ,08

5. Trouve les décimales qui manquent.

a) 1 = ,45 + ☐　　　　　b) 1 = ,63 + ☐　　　　　c) 1 = ,39 + ☐

Logique numérale 2

1. Additionne en dessinant des modèles de base de dix (utilise un bloc de centaines comme entier).
   Aligne ensuite les nombres et additionne.

   a) 1,23 + 1,12

   b) 1,14 + 1,21

   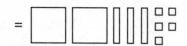

unités	dixièmes	centièmes
+		

unités	dixièmes	centièmes
+		

2. Soustrais en dessinant des modèles de base dix du plus grand nombre comme à la partie a).

   a) 2,35 – 1,12

   b) 3,24 – 2,11

   ⊠ ⊠ □ □ □ = 1,23

3. Additionne ou soustrais. Tu dois regrouper dans certains cas.

   a) 2,15 + 1,24

   b) 3,42 + 1,05

   c) 2,71 + 1,42

   d) 3,87 + 2,93

   e) 5,32 + 3,19

   f) 3,37 − 1,24

   g) 2,51 − 1,40

   h) 4,25 − 1,82

   i) 8,32 − 1,53

   j) 9,75 − 7,16

4. Le plus gros cœur animal est celui de la baleine bleu.
   Il pèse 698,5 kg.
   Combien pèsent deux cœurs de cette grosseur?

5. Le record mondial pour les cheveux les plus longs est de 7,5 m.
   Les cheveux de Julia mesurent ,37 m de long.
   De combien les cheveux de Julia sont-ils plus courts?

NS4-114: Les différences de 0,1 et de 0,01

1. Complète.

   a) ,53 + ,1 = _____

   b) ,23 + ,1 = _____

   c) ,07 + ,1 = _____

   d) ,59 + ,1 = _____

   e) ,84 + ,01 = _____

   f) ,30 + ,01 = _____

   g) 3,75 + ,01 = _____

   h) 4,63 + ,1 = _____

   i) 5,98 + ,01 = _____

2. Complète.

   a) _____ est ,1 de plus de ,8

   b) _____ est ,1 de plus de 3,7

   c) _____ est ,1 de plus de ,3

   d) _____ est ,1 de plus de ,52

   e) _____ est ,1 de plus de ,7

   f) _____ est ,1 de plus de ,29

3. Complète.

   a) 1,35 + _____ = 1,36

   b) 2,3 + _____ = 2,4

   c) 3,06 – _____ = 3,05

   d) 4,95 – _____ = 4,94

   e) 3,7 + _____ = 4,7

   f) 7,85 + _____ = 7,95

   g) 9,08 + _____ = 9,18

   h) 2,31 – _____ = 2,21

   i) 5,01 – _____ = 5,00

4. Écris les nombres qui manquent sur les droites numériques.

   a)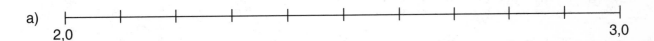
   2,0   3,0

   b)
   5,7   6,7

5. Continue les régularités

   a) ,3, ,4, ,5, _____, _____, _____

   b) 1,4, 1,5, 1,6, _____, _____, _____

   c) 2,6, 2,7, 2,8, _____, _____, _____

   d) 5,5, 5,6, 5,7, _____, _____, _____

6. Complète.

   a) 2,9 + ,1 = _____

   b) 7,9 + ,1 = _____

   c) 6,95 + ,1 = _____

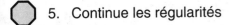 jump math
MULTIPLYING POTENTIAL.

Logique numérale 2

1. Lis les nombres de gauche à droite et encercle la première valeur de position qui est différente. Écris ensuite le plus grand nombre dans la boîte.

a) 3 , (2) 5
   3 , (3) 8

   ┌─────────┐
   │ 3 , 3 8 │
   └─────────┘

b) 7 , 0 4
   7 , 0 6

   ┌─────────┐
   │   │
   └─────────┘

c) 8 , 5 3
   8 , 4 2

   ┌─────────┐
   │   │
   └─────────┘

d) 9 , 2
   9 , 1 5

   ┌─────────┐
   │   │
   └─────────┘

e) 6 , 3 5
   6 , 4

   ┌─────────┐
   │   │
   └─────────┘

2. Écris < ou > pour montrer le plus grand nombre.

a) 5 , 2 5 [>] 5 , 1 3

b) 8 , 3 2 [   ] 8 , 1 5

c) 7 , 0 5 [   ] 7 , 0 4

d) 6 , 3 2 [   ] 5 , 7 0

e) 4 , 3 [   ] 4 , 1 2

f) 6 , 2 1 [   ] 6, 4

3. En utilisant les nombres 1, 2, 3, 4 trouve …

a) le plus grand nombre.

   ☐ ☐ , ☐ ☐

b) le plus petit nombre.

   ☐ ☐ , ☐ ☐

4. Écris 3 décimales plus grandes que ,4 et plus petites que ,5 : _____ _____ _____

a) Arrondis les nombres au nombre entier le plus près.

   i) 1 , 7   ii) 2 , 1   iii) 3 , 9   iv) 4 , 3

   v) 8 , 1   vi) 9 , 5   vii) 4 , 9   viii) 0 , 8

b) Continue les régularités.

   i) ,2 , ,4 , ,6 , _____ , _____

   ii) ,3 , ,6 , ,9 , _____ , _____

7. Explique l'erreur :

$$\begin{array}{r} 5,2 \\ +\ 3,42 \\ \hline 3,94 \end{array}$$

8. Explique pourquoi 1,02 est plus petit que 1,20.

NS4-116: Les concepts des décimales

1. Fais un dessin dans l'espace donné pour montrer 1 dixième de chaque entier.

   a)

   1 entier   1 dixième

   b)

   1 entier   1 dixième

   c)

   1 entier   1 dixième

   La grandeur de chaque unité de mesure dépend de l'unité qui est choisi comme **entier**.

2. Écris chaque mesure sous forme de fraction et de décimale.
   SOUVIENS-TOI : 1 centimètre est 1 centième de 1 mètre.

   a) 1 cm = $\frac{1}{100}$ m = ,01 m

   b) 4 cm = _____ m = _____ m

   c) 75 cm = _____ m = _____ m

   d) 17 cm = _____ m = _____ m

   e) 8 mm = $\frac{8}{10}$ cm = _____ cm

   f) 7 mm = _____ cm = _____ cm

   g) 5 mm = _____ cm = _____ cm

   h) 4 mm = _____ cm = _____ cm

3. Additionne les mesures en changeant la plus petite <u>unité</u> en décimale de la plus grande <u>unité</u>.

   a) 4 cm + 9,2 m

      = ,04 m + 9,2 m

      = 9,24 m

   b) 18 cm + 2,4 m

   c) 6 cm + 8,2 m

   d) 26 cm + 1,52 m

   e) 423 cm + 1,75 m

4.

Plante	Hauteur
Verge d'or	1,5 m
Liseron des champs	1 m
Mélilot blanc	300 cm
Oxalide	0,5 m

   a) Comment Rick doit-il organiser ses fleurs afin que les plus petites soient au-devant dans son jardin et les plus grandes, à l'arrière?

   b) De combien le mélilot est-il plus long que l'oxalide?

5. 0,25 $ veut dire 2 dix cents et 5 cents.

   Pourquoi utilise-t-on la notation décimale pour représenter l'argent?

   Un dix cents est un dixième de quoi?

   Un cent est un centième de quoi?

Logique numérale 2

Exemple :   Divise 40 en 10 ensembles.
Il y a 4 dans chaque ensemble.

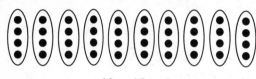

$$40 \div 10 = 4$$

Divise 40 en bonds de 10.
Il y a 4 bonds.

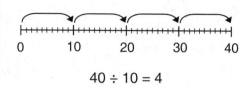

$$40 \div 10 = 4$$

De façon semblable, on enlève deux zéros quand on divise par 100. (Pour illustrer ceci, divise 200 jetons en 100 groupes; il y aura 2 jetons par groupe.)

1. Regroupe les points en 10 ensembles et complète l'énoncé de division.

   a)

   b)

   $$30 \div 10 = \underline{\qquad}$$

   $$20 \div 10 = \underline{\qquad}$$

2. Divise.

   a) $70 \div 10 = \underline{\quad}$ b) $40 \div 10 = \underline{\quad}$ c) $60 \div 10 = \underline{\quad}$ d) $90 \div 10 = \underline{\quad}$

   e) $280 \div 10 = \underline{\quad}$ f) $360 \div 10 = \underline{\quad}$ g) $720 \div 10 = \underline{\quad}$ h) $1250 \div 10 = \underline{\quad}$

3. Complète chaque énoncé.

   a) $300 = 100 \times 3$ b) $400 = 100 \times 4$ c) $900 = 100 \times 9$

      donc $\underline{300 \div 100 = 3}$ donc $\underline{\qquad\qquad}$ donc $\underline{\qquad\qquad}$

4. Divise.

   a) $700 \div 100 = \underline{\quad}$ b) $800 \div 100 = \underline{\quad}$ c) $600 \div 100 = \underline{\quad}$ d) $1800 \div 100 = \underline{\quad}$

   e) $2000 \div 10 = \underline{\quad}$ f) $2000 \div 100 = \underline{\quad}$ g) $9100 \div 10 = \underline{\quad}$ h) $10000 \div 100 = \underline{\quad}$

5. On déplace la décimale d'une position quand on divise un nombre entier par 10.

   Exemple :   *Chaque partie mesure 2 unités de long.*

   Divise 2 en 10 parties.

   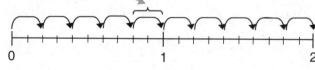

   $$\mathbf{2{,}0 \div 10 = 0{,}2}$$

   Divise.

   a) $4{,}0 \div 10 = \underline{\qquad}$ b) $6{,}0 \div 10 = \underline{\qquad}$ c) $15{,}0 \div 10 = \underline{\qquad}$

Logique numérale 2

NS4-118: Changer les unités

1. Change en cents le montant donné en dollars et en cents.

   a) 2 dollars 7 cents = _____207 cents_____

   b) 5 dollars 21 cents = _____

   c) 6 dollars 4 cents = _____

   d) 8 dollars 5 cents = _____

2. Change en centimètres les mesures données en mètres et en centimètres.

   a) 3 m 2 cm = _____302 cm_____

   b) 4 m 9 cm = _____

   c) 2 m 19 cm = _____

   d) 8 m 10 cm = _____

   e) 17 m 30 cm = _____

   f) 1 m 1 cm = _____

BONUS
3. Change en mètres les mesures données kilomètres et en mètres.

   a) 7 km 2 m = _____7002 m_____

   b) 2 km 36 m = _____

   c) 8 km 7 m = _____

   d) 6 km 3 m = _____

   e) 4 km 125 m = _____

   f) 13 km 1 m = _____

4. Change en minutes. (Souviens-toi qu'il y a 60 minutes dans une heure.)

   a) 3 h 7 min = _____187 min_____

   b) 1 h 8 min = _____

   c) 2 h 5 min = _____

   d) 2 h 17 min = _____

   e) 2 h 45 min = _____

   f) 3 h 20 min = _____

5. Change les montants suivants en décimales (dans l'unité la plus grande).

   a) 3 $ and 5 ¢ = _____3,05 $_____

   b) 7 $ and 8 ¢ = _____

   c) 12 $ and 17 ¢ = _____

   d) 4 m 7 cm = _____

   e) 5 m 9 cm = _____

   f) 10 m 27 cm = _____

Réponds aux questions suivantes dans ton cahier de notes.

1. Tu peux voir, sur le diagramme, que $2 \times 4 = 4 \times 2$.

   a) Montre, avec un diagramme, que $3 \times 5 = 5 \times 3$.

   b) Si A et B sont des nombres entiers, est-ce toujours vrai que $A \times B = B \times A$? Explique.

2 rangées de 4:

2×4

4 rangées de 2:

4×2

2. $4 \times 25 = 100, \quad 2 \times 50 = 100, \quad 4 \times 250 = 1\,000, \quad$ and $\quad 2 \times 500 = 1\,000$.

   En connaissant les faits ci-dessus, trouve les produits ci-dessous en regroupant les nombres de la bonne façon.

   Exemple : $4 \times 18 \times 25$
   $\qquad = 4 \times 25 \times 18$
   $\qquad = 100 \times 18$
   $\qquad = 1\,800$

   a) $2 \times 27 \times 50$

   b) $4 \times 75 \times 250$

   c) $2 \times 97 \times 500$

   d) $372 \times 4 \times 25$

   e) $2 \times 2 \times 17 \times 250$

   f) $25 \times 2 \times 50 \times 4$

3.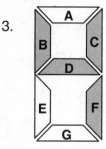

   Sur une montre digitale, les nombres sont faits avec des barres en forme de trapèzes. Le nombre 4 (voir l'image) est fait avec les trapèzes B, D, C et F.

   a) Fait la liste des trapèzes que tu as besoin pour faire les nombres de 0 à 9.

   b) Quel trapèze est utilisé le plus souvent?

4. a) Tu peux compter les points dans un ensemble en les regroupant en forme de L. Écris un énoncé d'addition et un autre de multiplication pour le troisième ensemble.

   énoncé d'addition : $1 + 3 = 4$ $1 + 3 + 5 = 9$ _____

   énoncé de multiplication : $2 \times 2 = 4$ $3 \times 3 = 9$ _____

   b) Dessine un ensemble de 5 par 5 et trace des L pour regrouper les points. Écris un énoncé d'addition et un énoncé de multiplication pour l'ensemble. Les nombres dans tes énoncés sont-ils tous pairs ou impairs?

   c) Comment peux-tu résoudre $1 + 3 + 5 + 7 + 9 + 11$ sans additionner?
   INDICE : Peux-tu écrire un énoncé de multiplication équivalent?

Réponds aux questions suivantes dans ton cahier de notes.

1. Une boîte de 2 crayons coute 10 ¢.
   Une boîte de 3 coute 12 ¢.
   Quelle est la façon la moins chère d'acheter 6 crayons?

2. Carol a 10,00 $.
   Elle dépensé la moitié de son argent pour un journal. Elle dépense ensuite 1,25 $ pour un stylo. Combien d'argent lui reste-t-il?

3. Un plateau de 4 plantes coute 60 ¢.
   Un plateau de 6 plantes coute 80 ¢.
   Quelle est la façon la moins chère d'acheter 24 plantes?
   Quelle stratégie as-tu utilisée pour résoudre le problème?

4. Henri a 4 ans de plus que Jane.
   La somme de leur âges est de12 ans.
   Quel âge Henri a-t-il?

5. Une école a 150 étudiants.

   a) 80 des étudiants sont des garçons. Combien y a-t-il de filles?

   b) Chaque classe a 25 étudiants. Combien de classes y a-t-il?

   c) Chaque classe a un enseignant.
      L'école a aussi un directeur, un directeur-adjoint et une secrétaire.
      En tout, combien d'adultes travaillent dans l'école? **INDICE : Utilise ta réponse de b).**

   d) Une journée, 2 étudiants de chaque classe étaient malades et ne sont pas venus.

   e) Combien manquait-il d'étudiants cette journée-là?

   f) Combien d'étudiants étaient à l'école cette journée-là?

6. Un magasin de vêtements a 500 chemises.
   En une semaine, ils ont vendu :
   20 chemises rouges, 50 chemises bleues et 100 chemises vertes.
   Combien de chemises <u>restait-il</u> à la fin de la semaine?

7. En 2004, le gagnant de la médaille d'or olympique au lancer du poids a réalisé un lancer de 21,16 m.
   Le lancer pour la médaille de bronze était de 21,07 m.
   Quelle distance le lancer de la médaille d'or a-t-il fait de plus?

8. Emma a couru ,55 km sur une route et ,47 km sur une autre route.
   Quelle distance totale a-t-elle couru?

9. Un serpent de 2 m de long ne mesurait que ,2 m à sa naissance. De combien de centimètres le serpent a-t-il grandi depuis?

ME4-30: L'aire en centimètres carrés

On dit que les formes qui sont plates sont des formes en **deux dimensions** (2-D). L'**aire** d'une forme à 2 dimensions est l'espace qu'elle occupe. Un **centimètre** carré est l'unité que l'on utilise pour mesurer l'aire. Un carré avec des côtés de 1 cm a une aire de 1 centimètre carré. L'abréviation de centimètre carré est cm^2.

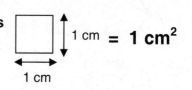

---

1. Trouve l'aire de ces formes en centimètres carrés.

a)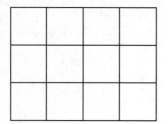

b)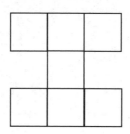

c)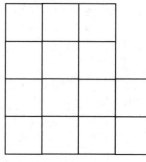

Aire = _____ cm^2 Aire = _____ cm^2 Aire = _____ cm^2

2. En utilisant une règle, relie les lignes pour diviser chaque rectangle en carrés.

a)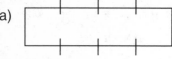

b)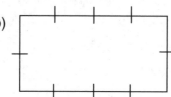

c)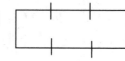

Aire = _____ cm^2 Aire = _____ cm^2 Aire = _____ cm^2

3. Comment peux-tu trouver l'aire (en cm^2) de chacune des formes suivantes?

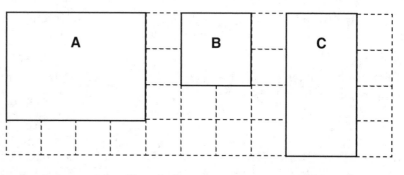

Aire de A = _____   Aire de B = _____   Aire de C = _____

4. Dessine trois différentes formes qui ont une aire de 8 cm^2 (pas nécessairement des rectangles).

5. Dessine plusieurs formes et trouve leur aire et leur périmètre.

6. Dessine un rectangle qui a une aire de 8 cm^2 et un périmètre de 12 cm.

1. Écris un énoncé de multiplication pour chaque ensemble de points.

a) 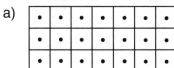   b)   c)   d)

_____   _____   _____   _____

2. Fais un point dans chaque boîte.
   Écris ensuite un énoncé de multiplication qui indique combien il y a de points dans chaque rectangle.

a) 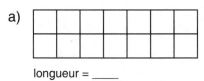   b) 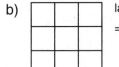   c) 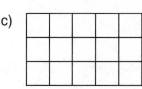   d)

   _____3 × 7 = 21_____   _____   _____   _____

3. Écris le nombre de boîtes ainsi que la largeur et la longueur de chaque rectangle.
   Écris ensuite un énoncé de multiplication pour l'aire du rectangle (en centimètres carrés).

a) 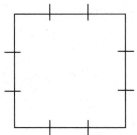   largeur = ____   b) 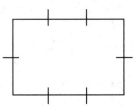   largeur = ____   c) 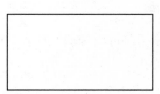   largeur = ____

   longueur = ____   longueur = ____   longueur = ____

   _____   _____   _____

4. En utilisant une règle, relie les lignes pour diviser chaque rectangle en carrés.
   Écris un énoncé de multiplication pour calculer l'aire en cm².
   NOTE : Tu devras tracer les lignes toi-même, avec une règle, sur deux des rectangles.

a)   b)   c)

                            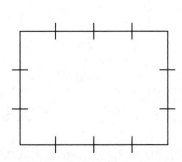   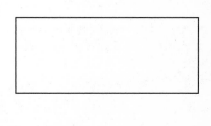

   d)

   e)

5. Si tu connais la longueur et la largeur d'un rectangle, peux-tu trouver son aire? _____

ME4-32: Explorer l'aire

1. Mesure la longueur et la largeur des formes et trouve l'aire. N'oublie pas l'unité de mesure!

a)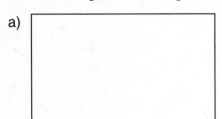

b)

c)

_____   _____   _____

2. a) Calcule l'aire de chaque rectangle (n'oublie pas d'inclure l'unité de mesure).

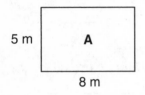 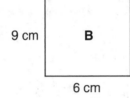 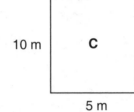 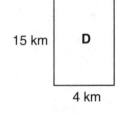

5 m **A**
8 m

9 cm **B**
6 cm

10 m **C**
5 m

15 km **D**
4 km

Aire : _____   Aire : _____   Aire : _____   Aire : _____

b) Place les rectangles en ordre selon leur aire (plus petite à la plus grande) : ___ , ___ , ___ , ___

3. Trouve l'aire des rectangles qui ont les mesures suivantes.

a) longueur : 5 m   largeur : 7 m   b) longueur : 2 m   largeur : 9 m   c) longueur : 6 cm largeur : 8 cm

4. L'aire d'un rectangle mesure 10 cm^2 et sa largeur, 5 cm. Quelle est sa longueur?

5. L'aire d'un carré mesure 9 cm^2. Quelle est sa longueur?

6. a) Utilise du papier quadrillé ou un géoplan pour créer 3 rectangles dont l'aire mesure 12 unités carrées.

   b) Est-ce que les rectangles ont tous le même périmètre? Explique.

7.

3 fois 4 égal 12

largeur   longueur   aire du rectangle

a) Trouve une autre paire de nombres qui donnent 12 en les multipliant.
b) Dessine un rectangle dont la longueur et la largeur sont égales aux nombres choisis.

1. Deux demi-carrés  occupent la même espace (aire) qu'un  carré entier.

Compte chaque <u>paire</u> de demi-carrés comme un carré entier pour trouver l'aire de la surface coloriée.

a)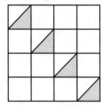

= __3__ carrés entiers

b)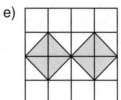

= _____ carrés entiers

c)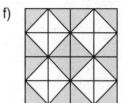

= _____ carrés entiers

d)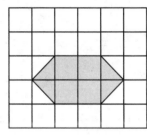

= _____ carrés entiers

e)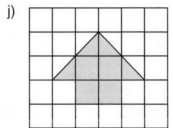

= _____ carrés entiers

f)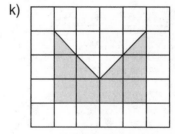

= _____ carrés entiers

g)

= _____ carrés entiers

h)

= _____ carrés entiers

i)

= _____ carrés entiers

j)

= _____ carrés entiers

k)

= _____ carrés entiers

2. Trouve la réponse en divisant le nombre de demi-carrés par deux.

a) 6 demi-carrés = _____ carrés entiers

b) 8 demi-carrés = _____ carrés entiers

c) 4 carrés entiers et 4 demi-carrés = _____ carrés entiers

3. La région coloriée est-elle plus grande, plus petite ou égale à la région blanche? Explique.

a)

b)

4. George a pris une heure pour peindre la partie foncée de sa maison. De combien de temps aura-t-il besoin pour faire le reste? Comment le sais-tu? Explique.

a)

b)

1. Les formes coloriées suivantes représentent $\frac{1}{2}$ des carrés.

Combien de carrés coloriés y a-t-il en tout?

a)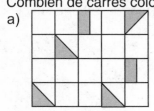

b)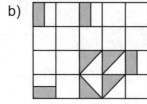

c)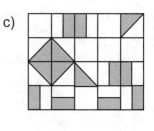

_____ demi-carrés

_____ carrés en tout

_____ demi-carrés

_____ carrés en tout

_____ demi-carrés

_____ carrés en tout

2. Remplis les espaces vides pour trouver l'aire totale.

a)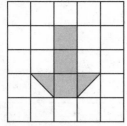

___3___ carrés en tout

+ ___2___ $\frac{1}{2}$ carrés

= ___4___ carrés en tout

Aire = 3 + 1 = 4

b)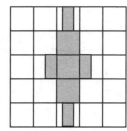

_____ carrés en tout

+ _____ $\frac{1}{2}$ carrés

= ____ carrés en tout

Aire =

c)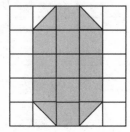

_____ carrés en tout

+ _____ $\frac{1}{2}$ carrés

= _____ carrés en tout

Aire =

d)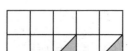

_____ carrés en tout

+ _____ $\frac{1}{2}$ carrés

= _____ carrés en tout

Aire =

3. L'aire de l'ongle de ton pouce mesure environ 1 centimètre carré (1 cm²).
Estime l'aire de ce rectangle en utilisant ton ongle.
Mesure les côté du rectangle et trouve l'aire.

4. Les côtés d'un mètre carré (1 m²) sont environ de la longueur de l'étendue de tes bras.
Dis si l'aire de la surface des objets ci-dessous est plus grande ou moins grande que 1 m².
Estime ensuite leur aire.

a) le siège de ta chaise

b) le plancher de ta classe

c) la surface du tableau

5. Estime l'aire du lac en comptant des demi-carrés et des carrés entiers.
NOTE : Chaque carré représente 1 km².

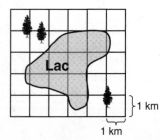

ME4-35: Comparer l'aire et le périmètre

1. Écris, dans le tableau, le périmètre et l'aire de chacune des formes ci-dessous.

    NOTE : Chaque carré represente un centimètre carré.

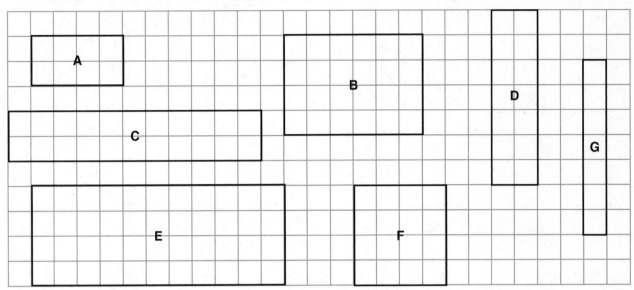

Forme	Périmètre	Aire
A	2 + 4 + 2 + 4 = 12 cm	2 x 4 = 8 cm²
B		
C		
D		
E		
F		
G		

2. Le périmètre de la forme C est plus grand que celui de la forme B. Son aire est-elle plus grande elle aussi? _____

3. Nomme la forme qui a le plus grand périmètre et celle qui a la plus grande aire. _____

4. Place les formes en ordre de grandeur, du plus grand au plus petit périmètre. _____

5. Place les formes en ordre de grandeur, de la plus grande à la plus petite aire. _____

6. L'ordre dans les questions 4 et 5 est-il le même? _____

7. Quelle est la différence entre le PÉRIMÈTRE et l'AIRE? _____

jump math
MULTIPLYING POTENTIAL

1. Mesure la largeur et la longueur de chaque rectangle. Remplis ensuite le tableau ci-dessous.

A

B

C

G

E

F

D

Rectangle	Périmètre (estimé)	Aire (estimée)	Largeur	Longueur	Périmètre (actuel)	Aire (actuelle)
A	cm	cm^2	cm	cm	cm	cm^2
B						
C						
D						
E						
F						
G						

2. a) Dessine, sur du papier quadrillé, 3 formes qui mesurent chacune 10 unités carrées.

    b) Les formes doivent-elles êtres congruentes pour avoir la même aire?

3. Trouve l'aire des rectangles en utilisant les indices. Montre comment tu as fait dans ton cahier.

    a) Longueur = 2 cm   Périmètre = 10 cm   b) Longueur = 4 cm   Périmètre = 18 cm
        Aire = ?   Aire = ?

4. Dessine, sur du papier quadrillé, un carré avec le périmètre donné. Trouve l'aire du carré.

    a) Périmètre = 12 cm   Aire = ?   b) Périmètre = 20 cm   Aire = ?

5. Dessine, sur du papier quadrillé, une forme qui a quatre carrés.
    Chaque carré doit partager au moins un côté avec
    un autre carré.

    a) Combien de formes différentes as-tu créées?

    b) Quelle forme a le plus petit périmètre?

permis

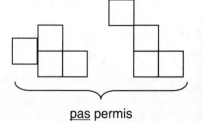

pas permis

Réponds aux questions suivantes dans ton cahier de notes.

1. Dessine, sur du papier quadrillé, un rectangle avec...

   a) une aire de 10 unités carrées et un périmètre de 14 unités.

   b) une aire de 12 unités carrées et un périmètre de 14 unités.

2.

   a) Trouve l'aire du mot formé avec les lettres coloriées.

   b) Il y a 48 carrés dans une grille.
   Comment peux-tu utiliser ta réponse de a) pour trouver le nombre de carrés <u>blancs</u>?

3. Raj veut construire un lit de fleurs rectangulaire qui mesure 2 m de long et qui a un périmètre de 12 m.

   a) Fais un dessin pour montrer la forme du lit de fleurs.

   b) Quelle est la largeur du lit?

   c) Raj veut construire une clôture autour du lit de fleurs.
   Si la clôture coûte 7 $ le mètre, combien coûtera-t-elle?

   d) Raj va planter 4 tournesols dans chaque mètre carré de son terrain.
   Chaque graine de tournesol coûte 2 ¢.
   Combien les fleurs vont-elles coûter en tout?

   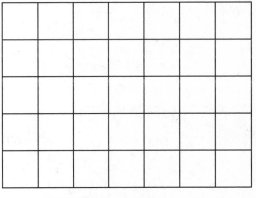

   NOTE: Chaque côté de la grille représente 1 mètre.

4. Indique si tu utiliserais l'aire ou le périmètre pour mesurer...

   a) la quantité de papier nécessaire pour recouvrir le babillard.

   b) la distance autour d'un terrain de soccer.

   c) la quantité de ruban que tu aurais de besoin pour faire le contour d'un cadre.

5. Dessine deux rectangles pour montrer que des formes qui ont la même aire peuvent avoir des périmètres différents.

Bloc de 1 cm

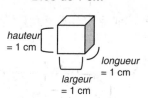

Le **volume** est la quantité d'espace que prend un objet en trois dimensions. Pour mesurer le volume, on peut utiliser des blocs de 1 cm. Ces blocs sont des carrés uniformes dont la largeur, la longueur et la hauteur mesurent toutes 1 cm.

Le volume d'un contenant est basé sur la quantité de blocs de 1 cm qu'il peut contenir.

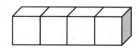

Cet objet, fait de centimètres-cubes, a un volume de 4 cubes ou 4 centimètres-cubes (4 cm³).

---

1. En utilisant des « cubes » comme unité de mesure, écris le <u>volume</u> de chaque objet.

   a)

   Nombre de cubes _____

   b)

   Nombre de cubes _____

   c)

   Nombre de cubes _____

   d)

   Nombre de cubes _____

   e)

   Nombre de cubes _____

   f)

   Nombre de cubes _____

2. Avec une structure faite de cubes, tu peux dessiner un « plan plat » comme ceci.

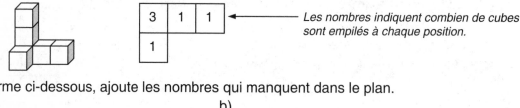

3	1	1
1		

Les nombres indiquent combien de cubes sont empilés à chaque position.

Pour chaque forme ci-dessous, ajoute les nombres qui manquent dans le plan.

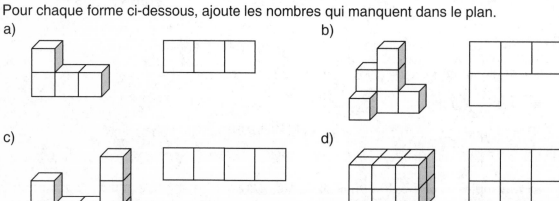

   a)

   b)

   c)

   d)

ME4-39: Le volume de prismes rectangulaires

1. Utilise le nombre de blocs dans la colonne coloriée pour écrire des énoncés d'addition et de multiplication pour représenter chaque aire.

a) 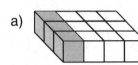 $\underline{3} + \underline{3} + \underline{3} + \underline{3} = \underline{12}$

$\underline{3} \times \underline{4} = \underline{12}$

b) 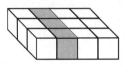 ___ + ___ + ___ + ___ + ___ = _____

___ × ___ = _____

c) 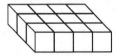 ___ + ___ + ___ + ___ + ___ + ___ + ___ = _____

___ × ___ = _____

2. Combien de blocs de 1cm³ y a-t-il dans chaque rangée coloriée? (Les blocs ne sont pas à l'échelle.)

a) 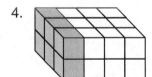 _____ blocs

b) _____ blocs

c) _____ blocs

d) _____ blocs

3. a) Écris un énoncé d'addition pour le volume de la forme.

_____ + _____ + _____ + _____ = _____ cm³

b) Écris un énoncé de multiplication pour le même volume : _____ × _____ = _____ cm³

4.   a) Combien y a-t-il de blocs coloriés? _____

b) Écris un énoncé d'addition pour le volume de la forme

_____ + _____ + _____ + _____ = _____ cm³

c) Écris un énoncé de multiplication pour le même volume.

_____ × 4 = _____ cm³

5. Écris des énoncés d'addition et de multiplication pour chaque volume.

a) _____ + _____ + _____ = _____ cm³

_____ × _____ = _____ cm³
3

b) _____ + _____ + _____ + _____ = _____ cm³

_____ × _____ = _____ cm³

c) _____ + _____ + _____ + _____ + _____ = _____ cm³

_____ × _____ = _____ cm³

La mesure 2

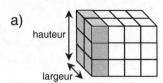
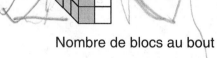

6. Combien de blocs y a-t-il sur le bord de chaque prisme?

a)
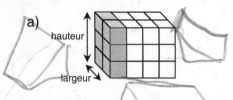

Nombre de blocs au bout

= hauteur × largeur

= __3__ × __2__ = 6

b)

Nombre de blocs au bout

= hauteur × largeur

= _____ × _____ = 8

c)
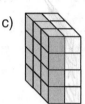

Nombre de blocs au bout

= hauteur × largeur

= _____ × _____ = 12

7. Combien de blocs y a-t-il dans chaque prisme?

a)
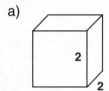

Nombre de blocs par prisme

= hauteur × longueur × largeur

= ___ × ___ × ___ = ___

b)
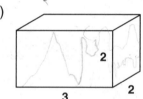

Nombre de blocs par prisme

= hauteur × longueur × largeur

= ___ × ___ × ___ = ___

c)
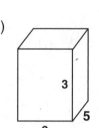

Nombre de blocs par prisme

= hauteur × longueur × largeur

= ___ × ___ × ___ = ___

8. Avec l'aide des dimensions données, trouve le volume de chaque boîte. (Les unités sont en mètres.)
    INDICE : V = L × l × H

a)
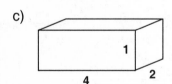

Longueur : _____

largeur : _____

Hauteur : _____

Volume = _____

b)

Longueur : _____

largeur : _____

Hauteur : _____

Volume = _____

c)

Longueur : _____

largeur : _____

Hauteur : _____

Volume = _____

d)

Longueur : _____

largeur : _____

Hauteur : _____

Volume = _____

9. Trouve le volume de chaque prisme rectangulaire à partir des plans ci-dessous.

a)

5	5	5
5	5	5

L : _____

l : _____

H : _____

Volume = _____

b)

3	3
3	3

L : _____

l : _____

H : _____

Volume = _____

c)

2	2	2	2	2
2	2	2	2	2

L : _____

l : _____

H : _____

Volume = _____

La **masse** mesure la quantité de substance contenue dans un objet. Les grammes (g) et les kilogrammes (kg) sont des unités de mesure du poids ou de la masse.

Un kilogramme est égal à 1000 grammes.

Certains objets pesant environ un **gramme** :	Certains objets pesant environ un **kilogramme** :
✓ Un trombone ✓ Un dix cents ✓ Une brisure de chocolat	✓ Une bouteille d'eau d'un litre ✓ Un sac de 200 cinq cents ✓ Deux écureuils

1. Si un trombone pèse environ un gramme, combien pèsent ...

    a) 2 trombones? ___2g___

    b) 8 trombones? ___8g___

    Prends un trombone dans une main et un crayon dans l'autre. Pense au nombre de trombones dont tu aurais besoin pour obtenir le même poids que le crayon.

    c) Ton crayon pèse environ combien de grammes?

    d) Ton stylo en pèse environ combien?

10 g	13 g

2. Si un dix cents pèse environ un gramme, combien pèsent ...

    a) 30 ¢, en dix cents? __3__

    b) 50 ¢, en dix cents? __5__

    c) 80 ¢, en dix cents? __8__

3. Estime le poids des objets suivants, en grammes.

    a) un biscuit aux brisures de chocolat __20 g__

    b) une pomme __30 g__

    c) un soulier __80 g__

4. Peux-tu nommer un objet (autre que ceux énumérés ci-dessus) qui pèse environ un gramme?

    _____

5. Réponds aux questions en te basant sur l'information à propos des pièces de monnaie canadiennes.
    NOTE : Le poids approximatifs de chaque pièce est donné ci-dessous.

5 cents	4 grammes
10 cents	2 grammes
25 cents	4 grammes
1 dollar	7 grammes

    a) Combien pèsent 15 ¢ en cinq cents? _____

    b) Combien pèsent 9 dix cents? _____

    c) Combien pèse 1,00 $ en vingt-cinq cents? _____

    d) Combien pèsent deux pièces de 1 dollar? _____

    e) Combien de 25 cents pèsent autant que 6 cinq cents? _____

    f) Estime combien pèse une pièce de 2 dollars. _____

6. Relie les objets de gauche avec ceux de la droite qui ont une masse semblable.

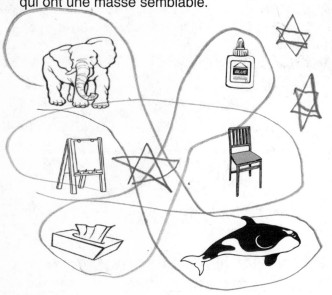

7. Quelle unité est plus appropriée pour mesurer chaque objet? Encercle l'unité appropriée.

 gramme ou kilogramme?

 gramme ou kilogramme?

gramme ou kilogramme?

8. a) Mets les objets suivants en ordre (par lettre) de la plus petite à la plus grande masse.
   A. une baleine bleue   **B.** une fourmi   **C.** un cheval   __B__, __C__, __A__

   b) Mets les items suivants en ordre (par lettre) de la plus grande à la plus petite masse.
   A. un enfant de 10 ans   **B.** un chat   **C.** un éléphant   __C__, __A__, __B__

9. Coche la boîte appropriée. Utiliserais-tu des grammes ou des kilogrammes pour peser ...
   a) un orignal?   ☒ g   ☐ kg   b) un pupitre?   ☐ g   ☒ kg

   c) du fromage?   ☒ g   ☐ kg   d) un petit oiseau?   ☒ g   ☐ kg

   e) un crayon?   ☒ g   ☐ kg   f) un ami?   ☐ g   ☒ kg

10. Encercle le poids qui est le plus approprié pour l'objet.

   a)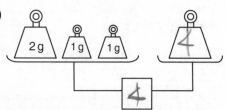

   22 kilogrammes   OU   **222 grammes**

   b)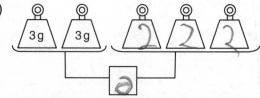

   130 grammes   OU   **13 kilogrammes**

11. Ajoute les masses qui manquent pour équilibrer les balances.

   a)

   b)

ME4-41 : Changer les unités de masse

1. 1 kilogramme = 1000 grammes   1 kilomètre = 1000 mètres

   Regarde les équations ci-dessus. D'après toi, que veut dire le mot « kilo »?

2. Par quel nombre dois-tu multiplier une mesure en kilogrammes pour la changer en grammes? _____

3. Change chaque masse en grammes.

   a) 3 kg = _____   b) 9 kg = _____   c) 17 kg = _____   d) 25 kg = _____

4. Écris une estimation de ton poids en kilogrammes et change ton estimation en grammes.

5. a) La masse d'un bébé est de 4 000 grammes, qui est égal à 4 kg.

   Un autre bébé a une masse de 3 000 grammes.

   Quelle est sa masse en kg? _____

   b) Quel fait de multiplication as-tu utilisé pour changer les grammes en kilogrammes?

6. Encercle la plus grande masse de chaque paire.
   NOTE : Commence en mettant les deux mesures dans la même unité.

   a) 25 g   35 g   b) 20 g   17 g   c) 3 kg   5 kg

   d) 50 g   2 kg   e) 400 g   1 kg   f) 2 000 g   1 kg

7. Utilise la masse de ces oiseaux de l'Antarctique pour créer un problème à propos
   de la masse. Résous ton problème.

   Le manchot empereur 45 kg; **Le manchot d'Adélie** 6,5 kg; **Le pétrel géant** 5 kg;
   Le Damier du Cap 550 g; **Le pétrel des neiges** 300 g.

La mesure 2

ME4-42: Problèmes impliquant la masse

Réponds aux problèmes dans ton cahier.

1. Si un jeune raton laveur pèse 2 kilogrammes, combien pèsent …

   a) 3 ratons laveurs?

   b) 7 ratons laveurs?

2. Estime le poids des objets suivants en kilogrammes.

   a) ton livre de mathématiques

   b) ton pupitre

   c) ta bicyclette

3. Jennifer pesait 3 kilogrammes quand elle est née.

   Elle a pris du poids au rythme de 200 grammes par semaine. Combien de poids a-t-elle pris après un mois?

   INDICE : Tu dois premièrement trouver son poids en grammes à sa naissance.

4. Un hippopotame mâle (pesant 1876 kg) et un hippopotame femelle (pesant 1347 kg) marchent au bord d'une rivière.

   Combien de kilogrammes en moins la femelle pèse-t-elle?

5. Des graines de tomates et d'aubergines pèsent 2 grammes chaque. Les graines de zucchini pèsent 3 grammes chaque. Daniel a acheté 12 graines de tomates, 8 graines d'aubergines et 5 de zucchini.

   Combien pèsent toutes ces graines en tout?

6. a) Il coûte 2,00 $ par kilogramme pour envoyer un colis.

   Combien cela coûterait-il pour envoyer un colis de 12 kilogrammes?

   b) Une cuillère pèse environ 60 grammes

   Combien pèse un ensemble de 6 cuillères?

7. Un facteur transporte environ 300 lettres dans son sac. Chaque lettre a une masse d'environ 20 g.

   Explique comment tu peux trouver la masse totale des lettres.

   c) Il y a 15 saumons dans un étang, chacun pesant environ deux kilogrammes.

   Environ combien pèsent, en tout, les saumons qui sont dans l'étang?

La mesure 2

ME4-43: La capacité

page 301

La **capacité** d'un contenant est la quantité de liquide qu'il peut contenir. La capacité d'un contenant de lait ordinaire est 1 L.

Les litres (L) et les millilitres (mL) sont les unités de mesure de base pour la capacité → 1 litre (L) = 1000 millilitres (mL)

Quelques exemples de capacités :

1 cuillerée à thé = 5 mL	1 cannette de boisson gazeuse = 350 mL	1 contenant de jus ordinaire = 1 L
1 tube de dentifrice = 75 mL	1 bouteille de shampoing = 750 mL	1 contenant de peinture = 3 à 5 L

-----

1. Fais un crochet dans la boîte appropriée. Utilises-tu des millilitres (mL) ou des litres (L) pour mesurer la capacité d' ...

   a) une tasse de thé? ☐ **mL** ☐ **L**   b) une goutte d'eau ☐ **mL** ☐ **L**

   c) une baignoire? ☐ **mL** ☐ **L**   d) un carton de crème glacée? ☐ **mL** ☐ **L**

   e) une piscine? ☐ **mL** ☐ **L**   f) une bouteille de médicaments? ☐ **mL** ☐ **L**

2. Claire remplit d'eau une tasse à mesurer de 40 mL.
   Elle verse de l'eau et remarque qu'il en reste 30 mL.
   Combien d'eau a-t-elle versée?

3.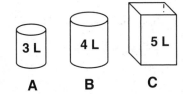

   a) Combien de contenants C pourraient contenir 20 L?

   b) Combien de contenants A pourraient contenir autant d'eau que 3 contenants B?

   c) Qu'est-ce qui contiendra le plus : 4 contenants B ou 3 contenants C?

4. De combien de contenants, de la grosseur donnée, as-tu besoin pour faire un litre? Explique.

   a) 100 mL   b) 200 mL   c) 500 mL   d) 250 mL

5. Aron a rempli une grosse marmite d'eau en utilisant un contenant de 250 mL. Il a rempli le contenant 4 fois pour remplir la marmite. Quelle était la capacité de la marmite?
   Peux-tu écrire la capacité de deux différentes façons?

jump math
MULTIPLYING POTENTIAL

La mesure 2

1. Jenna transporte ses achats de l'épicerie. Dans son sac il y a …

- 1 L de lait
- une bouteille d'huile d'olive de 500 mL
- une bouteille de vinaigre de 500 mL
- une boîte de conserve de tomates de 700 mL

Quelle est la capacité de ses objets en mL? _____

2. Encercle **vrai** ou **faux** pour chacune des questions suivantes.

a) Tu mesures une voiture en litres.	**Vrai**	**Faux**
b) Tu utilises des grammes pour mesurer le volume.	**Vrai**	**Faux**
c) Tu mesures le contenu d'une cannette de jus en kilogrammes.	**Vrai**	**Faux**
d) On utilise les grammes pour mesure le poids des objets.	**Vrai**	**Faux**

3. Écris une unité de mesure afin que chacun des énoncés suivants soit raisonnable.

a) Une tasse contient environ 200 _____ de thé.   b) La masse d'une chaise est environ 4 _____.

c) Un chat pèse plus de 1000 _____.   d) Un sceau contient environ 8 _____ d'eau.

4. Pour chaque recette ... a) encercle la mesure de la capacité et souligne celle de la masse.

b) calcule le total de toutes les mesures de masse.

c) calcule le total de toutes les mesures de capacité.

Crème glacée

1 L de fruits frais
50 mL de jus de citron
250 mL de crème épaisse
250 mL de crème légère
150 g de sucre

Masse : _____

Capacité : _____

Sauce tomate

30 mL d'huile d'olives
800 mL de tomates en conserve
30 mL de pâte de tomate
5 g d'origan frais
2 g de basilic

Masse : _____

Capacité : _____

Gâteau de fête

115 g de beurre
300 g de sucre
2 oeufs
280 g de farine
150 mL de lait

Masse : _____

Capacité : _____

ME4-45: La température

Le **degré Celsius** est une unité de mesure pour la température. On l'écrit comme ceci : °C.
L'eau gèle à 0°C et bout à 100°C. La température du corps humain est de 37°C.

1. Lis les thermomètres et écris la température :

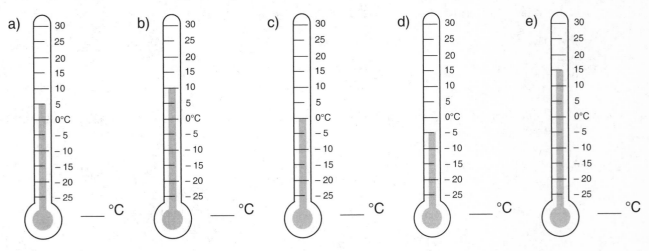

a) ___ °C   b) ___ °C   c) ___ °C   d) ___ °C   e) ___ °C

2. Quelle est la variation normale de la température pour chacune des saisons où tu vis?
   INDICE : Demande de l'aide à ton enseignant pour ceci.

   a) Hiver –
   entre _____ °C et _____ °C

   b) Printemps –
   entre _____ °C et _____ °C

   c) Été –
   entre _____ °C et _____ °C

   d) Automne –
   entre _____ °C et _____ °C

3. La température de Kyle est 38°C. De combien sa température est-elle plus élevée que la normale?

4. Philip fait bouillir de l'eau pour sa soupe. La température de l'eau est 75°C. De combien de degrés la température doit-elle augmenter pour que l'eau commence à bouillir ?

BONUS
5. Chloé a mesuré la température un jour et a découvert qu'il faisait –5°C. La journée suivante, la température était 10°C. La température a augmenté de combien de degrés?

L'**étendue** d'un ensemble de données est la différence entre la plus grande et la plus petite donnée.

Exemple :   L'étendue de 3 7 9 4 est 9 − 3 = 6

----

1. Trouve l'étendue de chaque ensemble de données.

    a) 6 9 4 12 5

    b) 7 4 8 6 11 9

    c) 42 39 36 41 41

    [ ] − [ ] = [ ]   [ ] − [ ] = [ ]   [ ] − [ ] = [ ]

2. Pour trouver la **médiane** d'un ensemble de données, place les données en ordre. Compte à partir d'un des bouts et rends-toi au milieu.

    Exemple 1 :   2   3   ⑥   7   11
    La médiane
    est 6.

    Exemple 2 :   2   3   ⑦   ⑨   11   15
    La médiane est à mi-
    chemin entre 7 et 9.
    La médiane est 8.

    Quel nombre est à mi-chemin entre …

    a) 5 et 7?   b) 12 et 14?   c) 25 et 35?   d) 11 et 15?   e) 13 et 17?   f) 8 et 8?

    _____   _____   _____   _____   _____   _____

3. Encercle le nombre ou les nombres du milieu. Trouve la médiane.

    a) 2 4 6 7 8   b) 2 3 3 8   c) 7 9 13 14 26   d) 3 4 6 10 11 17

    _____   _____   _____   _____

4. Les données sont en ordre. Encercle la médiane et trouve l'étendue des données avant et après la médiane. Les données s'étendent-elles plus avant ou après la médiane?

    a) 3 4 4 ④ 5 9 11

    étendue *avant la* médiane : [4] − [3] = [1]

    étendue *après la* médiane : [11] − [4] = [7]

    Les données s'étendent plus ___après___ la médiane.
    avant/après

    b) 13 17 20 25 26 27 30

    étendue *avant la* médiane : [ ] − [ ] = [ ]

    étendue *après la* médiane : [ ] − [ ] = [ ]

    Les données s'étendent plus _____ la médiane.
    avant/après

    c) 2 3 3 4 5 9 11 12 13

    étendue *avant la* médiane : [ ] − [ ] = [ ]

    étendue *après la* médiane : [ ] − [ ] = [ ]

    Les données s'étendent plus _____ la médiane.
    avant/après

    d) 430 435 440 450 460 480 510 540

    étendue *avant la* médiane : [ ] − [ ] = [ ]

    étendue *après la* médiane : [ ] − [ ] = [ ]

    Les données s'étendent plus _____ la médiane.
    avant/après

1. Déplace un bloc afin que toutes les piles aient le même nombre de blocs.

Exemple :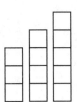

a)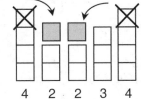

b)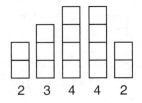

c)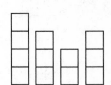

2. Déplace assez de blocs pour avoir des piles de la même hauteur.
   La **moyenne** est le nombre de blocs dans chaque pile.

a)

Moyenne : _3_____

b)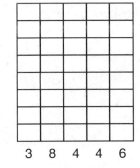

Moyenne : _____

c)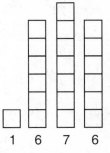

Moyenne : _____

3. Trouve la moyenne en dessinant des piles et en déplaçant des blocs.

a)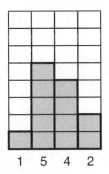

1 5 4 2

Moyenne : _____

b)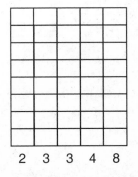

3 8 4 4 6

Moyenne : _____

c)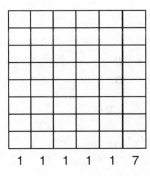

1 1 1 1 1 7

Moyenne : _____

d)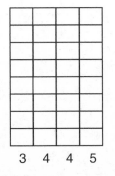

3 4 4 5

Moyenne : _____

e)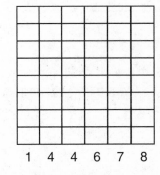

2 3 3 4 8

Moyenne : _____

f)

1 4 4 6 7 8

Moyenne : _____

4.

4   2   2   3   4   →   3   3   3   3   3

Nombre de blocs = 4 + 2 + 2 + 3 + 4 = 15

Moyenne = Nombre de blocs dans chaque pile
= Nombre total de blocs ÷ Nombre de piles

Alors, la **moyenne** = **somme des données ÷ nombre de données**.

Trouve la moyenne sans utiliser de blocs.

a) 1   3   7   4   5

☐ ÷ ☐

*Somme   Nombre de
des données   données*

= ☐

Moyenne

b) 1   8   5   10

☐ ÷ ☐

*Somme   Nombre de
des données   données*

= ☐

Moyenne

c) 0   0   2   4   5   7

☐ ÷ ☐

*Somme   Nombre de
des données   données*

= ☐

Moyenne

5. Un groupe de six élèves a écrit deux quiz (chacun sur 10).

	Math	**Sciences**
Bilal	7	5
Gorck	9	9
Mark	7	8
Ryan	7	10
Tasfia	6	6
Wei	6	10

a) Quelle est la moyenne du groupe en math?

b) Quelle est la moyenne du groupe en science?

c) Sur quel quiz est-ce que les élèves ont obtenu les meilleurs résultats globalement? Explique.

d) Sur quel quiz le plus grand nombre d'élèves ont-ils obtenu la moyenne?

e) Sur quel quiz la note la plus basse était-elle de 3 points en-dessous de la moyenne?

6. Une classe veut trouver la moyenne du nombre de cousins qu'ils ont.
Trouve la moyenne, si tu le peux, sans utiliser une calculatrice.
INDICE : Regroupe les pairs qui ont une somme de 10 ou 20. (Par exemple, 9 + 11 = 20.)

6   1   9   8   4   5   9   12   11   5

PDM4-15: Les diagrammes à tiges et à feuilles

La **feuille** d'un nombre est le chiffre complètement à droite.

La **tige** inclut tous les chiffres <u>sauf</u> celui complètement à droite.

NOTE : La tige d'un nombre à un chiffre est 0 puisqu'il n'y a pas de chiffres sauf celui à la toute droite.

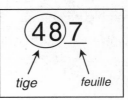

tige   feuille

---

1. Souligne la feuille. Le premier exercice est déjà fait pour toi.

   a) 12<u>3</u>　　　b) 3 1　　　c) 7 2　　　d) 4　　　e) 3 8

   f) 9 0　　　g) 8 0 1　　　h) 4 4 4　　　i) 3 2 2　　　j) 4 3 4

2. Encercle la tige. Les deux premiers exercices sont déjà faits pour toi.

   a) 5　*pas de tige*　　b) ③7　　　c) 1 2 3　　　d) 3 1　　　e) 5 9

   f) 1 8　　　g) 6　　　h) 1 0　　　i) 4 3 2 1　　　j) 9 0 0 0

3. Effectue les deux tâches.

   a) 8　　　b) 8 3　　　c) 8 3 1　　　d) 8 3 1 0　　　e) 4 0 7 1

   f) 6 8 9　　　g) 9 0 7　　　h) 8 9 9　　　i) 3　　　j) 6 2 4 5 9

4. Écris un nombre dont la feuille est 0 : _____ et un autre dont la tige est 0 : _____ .

5. Pour chaque groupe de nombres, souligne les nombres qui ont la même tige.

   a) 78 74 94　　　b) 89 90 91　　　c) 77 67 76　　　d) 371 379 391

   e) 263 26 265　　　f) 39 390 394　　　g) 5 782 578 574

   h) 34 341 3 340　　　　i) 291 287 28 29

6. Dans chaque groupe de nombres, encercle les tiges et écris-les de la plus petite à la plus grande.

   a) ①3 9 8 ②4 ⑥4 ①8 ②5　　<u>0</u>　　<u>1</u>　　<u>2</u>　　<u>6</u>

   b) 26 29 48 53 27 9 44　　____　____　____　____

   c) 102 98 86 76 103 95　　____　____　____　____

   d) 99 134 136 128 104 97　　____　____　____　____

   e) 942 998 965 1003 964　　____　____　____　____

BONUS

7. Des nombres avec la même tige doivent avoir le même nombre de chiffres. Vrai ou Faux?

Probabilité et traitement de données 2

8. Dans l'ensemble de données 38 29 26 42 43 34, les tiges sont 2, 3 et 4.

   Suis les étapes suivantes pour faire un diagramme à tiges et à feuilles.

Étape 1 : *Écris les tiges en ordre, de la plus petite à la plus grande.*	tige	feuille	Étape 2 : *Écris ensuite les feuilles sur la même rangée que les tiges.*	tige	feuille	Étape 3 : *Finalement, mets les feuilles en ordre, de la plus petite à la plus grande.*	tige	feuille
	2			2	96		2	69
	3			3	84		3	48
	4			4	23		4	23

Pour chaque diagramme, mets les feuilles dans le bon ordre. Écris ensuite les données, de la plus petite à la plus grande.

a)

tige	feuille
2	14
3	865
5	32

→

tige	feuille
2	14
3	568
5	23

b)

tige	feuille
0	4
1	95
2	380

→

tige	feuille

__21__ __24__ __35__ __36__ __38__ __52__ __53__

____ ____ ____ ____ ____ ____ ____

c)

tige	feuille
8	30
9	072
10	6

→

tige	feuille

d)

tige	feuille
9	218
10	424
11	50

→

tige	feuille

____ ____ ____ ____ ____ ____ ____   ____ ____ ____ ____ ____ ____ ____

9. Utilise les données suivantes pour créer un diagramme à tiges et à feuilles. La partie a) a été commencée pour toi.

a) 9 7 12 19 10

tige	feuille
0	9 7
1	

brouillon

→

tige	feuille
0	7 9

réponse finale

b) 99 98 102 99 101

tige	feuille

brouillon

→

tige	feuille

réponse finale

10. Anna et ses amies ont fait une course de 5 km. Leurs temps ont été enregistrés :

   26   32   38   29   40

   a) Quelle unité de mesure ont-elles utilisée? Secondes? Minutes? Heures? Jours?

   b) Fais un diagramme à tiges et à feuilles avec les données.

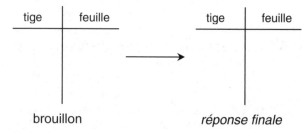

PDM4-15: Les diagrammes à tiges et à feuilles *(suite)*

11. Il est facile de trouver certaines données avec des diagrammes à tiges et à feuilles.

  (i) Cherche <u>la plus petite</u> feuille dans la <u>première</u> rangée pour trouver la **plus petite** donnée.

  (ii) Cherche <u>la plus grande</u> feuille dans la <u>dernière</u> rangée pour trouver la **plus grande** donnée.

  (iii) Trouve ensuite l'étendue.

a)

tige	feuille
8	247
9	89
10	014

plus petite : _82_

plus grande : _104_

étendue : ____

b)

tige	feuille
0	569
1	247
2	33

plus petite : ____

plus grande : ____

étendue : ____

c)

tige	feuille
9	569
10	188
12	0

plus petite : ____

plus grande : ____

portée: ____

12. Trouve la donnée qui survient deux fois dans chaque diagramme à tiges et à feuilles.

a)

tige	feuille
8	569
10	188
12	0 _108_

b)

tige	feuille
0	3449
1	012
2	347 ____

c)

tige	feuille
0	89
1	147
2	266 ____

13. Le **mode** d'un ensemble de données est le nombre qui survient le plus souvent. Trouve le mode.

a)

stem	leaf
9	334
10	00016
11	225

Mode :

____

b)

stem	leaf
3	22227
4	333
5	48
6	099

Mode :

____

c)

stem	leaf
3	2278
4	56699
5	03336
6	799

Mode :

____

14. Les notes d'une classe pour un test étaient :

63 78 84 72 69 5̶8̶ 74
87 91 73 75 5̶4̶ 65 75
82 69 68 71 73 5̶9̶ 74

a) Complète le diagramme à tiges et à feuilles.

b) Encercle l'étendue de notes la plus commune :

50–59 60–69 70–79 80–89 90–99

Tige	Feuilles des notes du test							
5	4	8	9					

c) Comment un diagramme à tiges et à feuilles permet-il de voir facilement l'étendue de notes la plus commune? Explique.

Les différentes façons dont un événement peut se produire sont les **résultats** de l'événement.

Quand Alice joue aux cartes avec son ami, il y a trois résultats possibles : Alice (1) gagne, (2) elle perd ou (3) la partie se termine sans gagnant ni perdant (parfois appelée une **partie nulle ou égale**).

1. Complète le tableau.

	Résultats possibles	Nombre de résultats
a)	Tu obtiens un 3 ou un 4.	2
b)		
c)		
d)		
e)		
f)		

2. Pige une bille dans une boîte. Combien de résultats différents peut-il y avoir dans chaque cas?

a)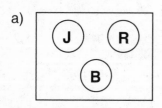

b)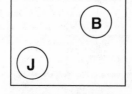

c)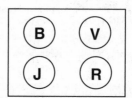

d)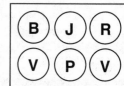

_____ résultats   _____ résultats   _____   _____

Probabilité et traitement de données 2

Quand on s'attend à ce qu'un événement se produise exactement la moitié du temps, on dit qu'il y a une chance **égale** que cet événement se produise.

- Il y a une chance égale de tomber sur le jaune en faisant tourner cette roulette.

- Quand tu lances une pièce de monnaie, il y a une chance égale qu'elle tombe sur le côté face (et une chance égale qu'elle tombe sur le côté pile).

---

1. Colorie la <u>moitié</u> de la tarte.

a)

_____ morceaux dans la moitié de la tarte

_____ morceaux dans la tarte

b)

_____ morceaux dans la moitié de la tarte

_____ morceaux dans la tarte

c)

_____ morceaux dans la moitié de la tarte

_____ morceaux dans la tarte

2. Divise en comptant par 2.

a) $10 \div 2 =$ _____   b) $12 \div 2 =$ _____   c) $18 \div 2 =$ _____   d) $20 \div 2 =$ _____   e) $16 \div 2 =$_____

f) $8 \div 2 =$ _____   g) $4 \div 2 =$ _____   h) $14 \div 2 =$ _____   i) $6 \div 2 =$ _____   j) $22 \div 2 =$_____

3. Complète le tableau.

Nombre	10	8	14	16	20
La moitié du nombre	5				
La somme	<u>5</u> + <u>5</u> = 10	__ + __ = 8	__ + __ = 14	__ + __ = 16	__ + __ = 20

4. Dessine des cercles pour diviser les lignes en deux ensembles égaux.

a) | | | | b) | | | | | | c) | | | | | | |

5. Il y a 12 billes dans une boîte. La moitié est rouge. Combien y a-t-il de billes rouges?

_____

6. On coupe une tarte en six morceaux égaux. Combien y a-t-il de morceaux dans la moitié de la tarte?

_____

7. Complète chaque énoncé en écrivant **plus de la moitié**, **la moitié**, ou **moins de la moitié**.
   INDICE : Commence en trouvant la moitié du nombre en comptant par 2.

a) 2 est ___moins de la moitié___ de 6. b) 3 est _____ de 8.

c) 6 est _____ de 12. d) 7 est _____ de 10.

e) 11 est _____ de 14. f) 5 est _____ de 10.

g) 5 est _____ de 12. h) 11 est _____ de 14.

i) 7 est _____ de 8. j) 6 est _____ de 10.

k) 3 est _____ de 4. l) 5 est _____ de 6.

8. Écris le nombre de sections coloriées qu'il y a dans la roulette ainsi que le nombre total de sections. Encercle ensuite les roulettes dont la moitié des sections sont coloriées.

a) 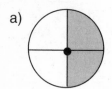 b) 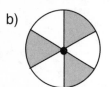 c) 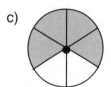 d) 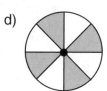 e)

__ sections coloriées __ sections coloriées __ sections coloriées __ sections coloriées __ sections coloriées

__ sections en tout __ sections en tout __ sections en tout __ sections en tout __ sections en tout

9. Encercle les roulettes avec lesquelles il y a une chance égale que l'aiguille s'arrête sur une section coloriée. Fais un gros 'X' sur les roulettes dont moins de la moitié des sections sont coloriées.

PDM4-18: Égal, probable, et improbable

Les chances qu'un événement survienne sont soit …

- « **improbables** » (on pense qu'il surviendra <u>moins</u> de la moitié du temps),

- « **probables** » (on pense qu'il surviendra <u>plus</u> de la moitié du temps) ou

- « **égales** » (exactement la moitié du temps).

- -

1. Écris **égal** si tu penses que tu tomberas sur le rouge la <u>moitié</u> du temps. Écris **plus de la moitié** si tu penses que tu tomberas sur le rouge plus de la moitié du temps et **moins de la moitié** pour le reste.

a)

b)

c)

_____

d)

e)

f)

_____

2. Décris chaque événement comme étant soit **probable** ou **improbable**.

a)

b)

c)

d)

tomber sur le rouge :

tomber sur le bleu :

tomber sur le vert :

tomber sur le rouge :

_____

3. Décris chaque événement comme étant soit **probable, égal** ou **improbable**.

a) 14 billes dans une boîte; 7 billes rouges
   <u>Événement</u> : Tu piges une bille rouge.

   _____

b) 14 billes dans une boîte; 5 billes rouges
   <u>Événement</u> : Tu piges une bille rouge.

   _____

c) 12 bas dans un tiroir; 8 bas noirs
   <u>Événement</u> : Tu sors un bas noir.

   _____

d) 16 billets dans une poches; 9 billets de 5 $
   <u>Événement</u> : Tu sors un billet de 5 $.

   _____

4. Les chances d'obtenir un nombre plus grand que 2 en roulant un dé sont-elles **probables**, **égales** ou **improbables**? Explique.

_____

Probabilité et traitement de données 2

Quand deux ou plusieurs événements ont la même chance de se produire, elles sont **également probables**.

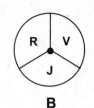

A **B**

Sur la roulette A, il est **également probable** d'obtenir le rouge ou le vert.

Sur la roulette B, il est **également probable** d'obtenir le rouge, le vert ou le jaune.

---

1.   Les chances d'obtenir le rouge et le jaune sont-elles également probables? Explique.

2. 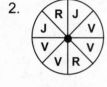 Les chances d'obtenir le rouge et le jaune sont-elles également probables? Explique.

3. 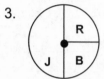 Les chances d'obtenir le rouge et le jaune sont-elles également probables? Explique.

4. Encercle les roulettes où il est également probable d'obtenir le **rouge** et le **vert**.

a)   b)   c)   d)   e)

f)   g)   h)   i)   j)

5. Identifie la couleur la <u>plus</u> probable d'être obtenue avec chaque roulette.

a)   b)

_____ _____

6. Identifie la couleur la <u>moins</u> probable d'être obtenue avec chaque roulette.

a)   b)

_____ _____

7. À la question 6 b), quelles sont les deux couleurs qui ont des chances égales d'être obtenues? _____ Explique. _____

PDM4-20: Décrire la probabilité

- Si un événement ne peut pas se produire, on dit qu'il est **impossible**. Par exemple, obtenir le nombre 8 avec un dé est **impossible** (parce qu'un dé n'a que les nombres 1, 2, 3, 4, 5, et 6 sur ses côtés).

- Si un événement <u>doit</u> se produire, on dit qu'il est **certain**. Par exemple, quand tu lances un dé, il est **certain** que tu obtiendras un nombre moins de 7.

En utilisant la roulette ci-contre, il est **probable** que tu tombes sur le jaune et **improbable** que tu tombes sur le rouge.

1. Utilise les mots **certain**, **probable**, **improbable** ou **impossible** pour décrire la probabilité …

a)

d'obtenir le vert

_____

b)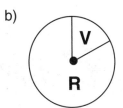

d'obtenir le vert

_____

c)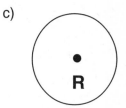

d'obtenir le rouge

_____

d)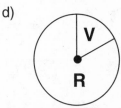

d'obtenir le jaune

_____

e)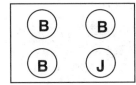

de piger le bleu

_____

f)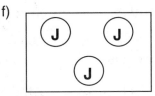

de piger le jaune

_____

g)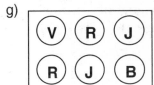

de piger le vert

_____

h)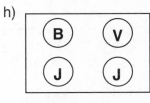

de piger le rouge

_____

i)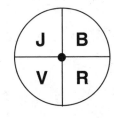

d'obtenir le vert

_____

j)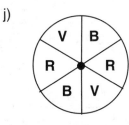

d'obtenir le rouge

_____

k)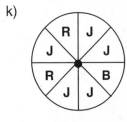

d'obtenir le jaune

_____

l)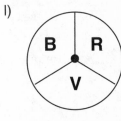

d'obtenir le jaune

_____

2. Quelle couleur de billes vas-tu probablement piger, rouge ou bleu? Explique ton raisonnement.

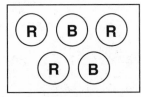

_____

_____

_____

jump math
MULTIPLYING POTENTIAL

3.

Complète la phrase :

Si tu choisis une bille de la boîte ...

a) il est <u>très probable</u> que tu choisisses _____ .

b) il est <u>peu probable</u> que tu choisisses _____ .

c) il est <u>impossible</u> que tu choisisses _____ .

4.   **A :** ○△○○△○○○

a) Dans quel ensemble de triangles et de cercles est-il le plus probable que tu vas piger un triangle?

B : ○△△△○○○△

b) Encercle l'ensemble dans lequel il y a une chance égale de piger un cercle ou un triangle.

C : △ △○△○△○△

D : △○△○○○△○

5. Utilise les mots **impossible**, **probable**, **improbable** ou **certain** pour décrire les événements suivants.

a) Si tu lances un dé, tu obtiendras un nombre plus grand que zéro.

b) Si tu lances un dé, tu obtiendras un nombre plus grand que un.

c) Tu vas voir un éléphant dans la rue aujourd'hui.

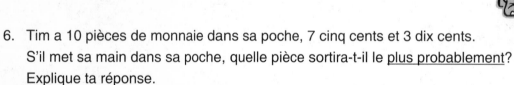

6. Tim a 10 pièces de monnaie dans sa poche, 7 cinq cents et 3 dix cents.
S'il met sa main dans sa poche, quelle pièce sortira-t-il le <u>plus probablement</u>?
Explique ta réponse.

7. Nomme un événement qui est ...

a) impossible   b) probable   c) improbable   d) certain

8. Dessine une boîte de boules de différentes couleurs dans laquelle la probabilité de piger une boule rouge est...

a) impossible   b) probable   c) improbable   d) certain

9.

Sur cette roulette, chaque résultat est-il également probable?
Explique.

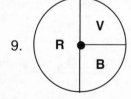

PDM4-21: Les jeux équitables

Un jeu de chance est **équitable** si les deux joueurs ont la même chance de gagner.

1. Pour chaque jeu, qui a la meilleure chance de gagner : joueur 1 ou joueur 2?
   Si chaque joueur à la même chance de gagner, écris « Le jeu est équitable ».

a)

Le joueur 1 doit obtenir le rouge pour gagner.

Le joueur 2 doit obtenir le bleu pour gagner.

b)

Le joueur 1 doit piger une bille rouge pour gagner.

Le joueur 2 doit piger une bille bleue pour gagner.

c)

Le joueur 1 doit piger une bille bleue pour gagner.

Le joueur 2 doit piger une bille jaune pour gagner.

d)

Le joueur 1 doit obtenir le vert pour gagner.

Le joueur 2 doit obtenir le jaune pour gagner.

2. La couleur préférée de Gérôme est le bleu et celle d'Iman est le jaune. Dessine une roulette qui a <u>au moins 4 sections</u> arrangées de sorte que...

   a) le gagnant soit probablement Iman.

   b) les deux joueurs aient une chance <u>égale</u> de gagner.

Probabilité et traitement de données 2

Kate prévoit faire tourner la roulette 15 fois pour voir combien de fois elle obtiendra le jaune.

$\frac{1}{3}$ de la roulette est jaune alors Kate **s'attend** à obtenir le jaune $\frac{1}{3}$ du temps.

Kate trouve $\frac{1}{3}$ de 15 en divisant par 3 : $15 \div 3 = 5$

Elle s'attend à ce que la roulette s'arrête sur le jaune 5 fois.

NOTE : Il se peut que la roulette ne s'arrête pas sur le jaune 5 fois mais 5 est le nombre de fois le <u>plus probable</u> d'obtenir le jaune.

----

1. Utilise la longue division pour trouver …

   a) $\frac{1}{2}$ de 24 =   b) $\frac{1}{2}$ de 48 =   c) $\frac{1}{2}$ de 52 =   d) $\frac{1}{2}$ de 84 =   e) $\frac{1}{2}$ de 88 =

2. Sarah veut diviser sa collection de monnaie en deux boîtes.
   Combien de pièces doit-elle mettre dans chaque boîte si elle a…

   a) 6 pièces?   b) 16 pièces?   c) 26 pièces?

   _____ pièces par boîte   _____ pièces par boîte   _____ pièces par boîte

   d) 22 pièces?   e) 46 pièces?   f) 50 pièces?

   _____   _____   _____

3.   Quelle fraction de tes tours de roulette s'arrêteront sur le rouge?

   a) Je m'attends à ce que _____ des tours de roulette s'arrêtent sur le rouge.

   b) Si tu la fais tourner 20 fois, combien de fois t'attends-tu à tomber sur le rouge?

4. Si tu lances une pièce de monnaie plusieurs fois, quelle est la fraction des résultats où elle tomberait sur le côté tête?_____

5. Si tu lances une pièce de monnaie 2 fois, combien de fois t'attends-tu à obtenir le côté tête?
   Explique ta réponse.

PDM4-22: Les attentes *(suite)*

6. Combien de fois t'attends-tu à ce qu'une pièce de monnaie tombe sur le côté face si tu la lances …

   a) 40 fois? _____

   b) 60 fois? _____

7. Calcule.

   a) $3\overline{)15}$

   b) $3\overline{)18}$

   c) $3\overline{)33}$

   d) $3\overline{)51}$

   e) $3\overline{)60}$

   f) $\frac{1}{3}$ de 9 _____

   g) $\frac{1}{3}$ de 18 _____

   h) $\frac{1}{3}$ de 39 _____

   i) $\frac{1}{3}$ de 75 _____

   j) $\frac{1}{4}$ de 8 _____

   k) $\frac{1}{4}$ de 36 _____

   l) $\frac{1}{4}$ de 52 _____

   m) $\frac{1}{4}$ de 84 _____

8. Écris la fraction représentant le nombre de fois que tu t'attends à obtenir le rouge.

   a) 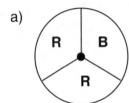   Je m'attends à obtenir le rouge …

   _____ fois.

   b) 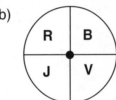   Je m'attends à obtenir le rouge …

   _____ fois.

9. 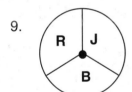   Combien de fois t'attends-tu à obtenir le bleu si tu fais tourner la roulette …

   a) 12 fois?

   b) 36 fois?

   c) 72 fois?

   _____

   _____

   _____

10. Combien de fois t'attends-tu à obtenir le jaune si tu fais tourner la roulette …

    a) 16 fois?

    b) 48 fois?

    c) 92 fois?

    _____

    _____

    _____

11. Dessine une roulette avec laquelle tu pourrais obtenir le rouge $\frac{3}{4}$ du temps.

12. Sur une roulette, la probabilité d'obtenir le jaune est $\frac{2}{3}$.

    Quelle est la probabilité d'obtenir une couleur autre que le jaune?
    Explique ta réponse avec une illustration.

PDM4-23: Problèmes et énigmes

Montre ton travail dans ton cahier de notes pour les problèmes sur cette page.

1. Si tu lances une pièce de monnaie plusieurs fois, quelle est la <u>fraction</u> des résultats où tu obtiens le côté face? La moitié? Un tiers? Un quart?

   Explique ta réponse.

2. Lance une pièce de monnaie 10 fois et note le pointage des résultats pile et face.
   Répète l'expérience cinq fois.

   As-tu obtenu environ le même nombre de pile et de face à chaque fois?

3. Place la pointe de ton crayon, à l'intérieur d'un trombone, sur le point dans le cercle. Tiens le crayon de sorte que le trombone puisse tourner autour.

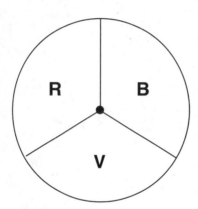

   a) Si tu fais tourner la roulette 12 fois, combien de fois penses-tu qu'elle s'arrêtera sur le rouge?
      Montre ton travail.
      INDICE : Pense à diviser 12 tours en 3 parties égales.

   b) Fais tourner la roulette 12 fois. Note le pointage de tes résultats. Est-ce que les résultats correspondent à tes attentes? Explique.

4.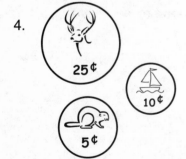

   Tu as 3 pièces dans ta poche : un cinq cents (5 ¢), un dix cents (10 ¢), et un vingt-cinq cents (25 ¢). Tu en sors deux de ta poche.

   a) Quelles sont toutes les combinaisons de deux pièces que tu peux obtenir?

   b) Combien de résultats y a-t-il?

   c) Penses-tu que tu pourrais sortir deux pièces qui font 30 ¢?
      Les chances sont-elles probables ou improbables?

   d) Comment as-tu résolu le problème? (Une liste? Une illustration?
      Un calcul? Ou une combinaison de ces stratégies?)

Probabilité et traitement de données 2

G4-20: Introduction aux systèmes de coordonnées

1. Relie les points dans la colonne *OU* la rangée.

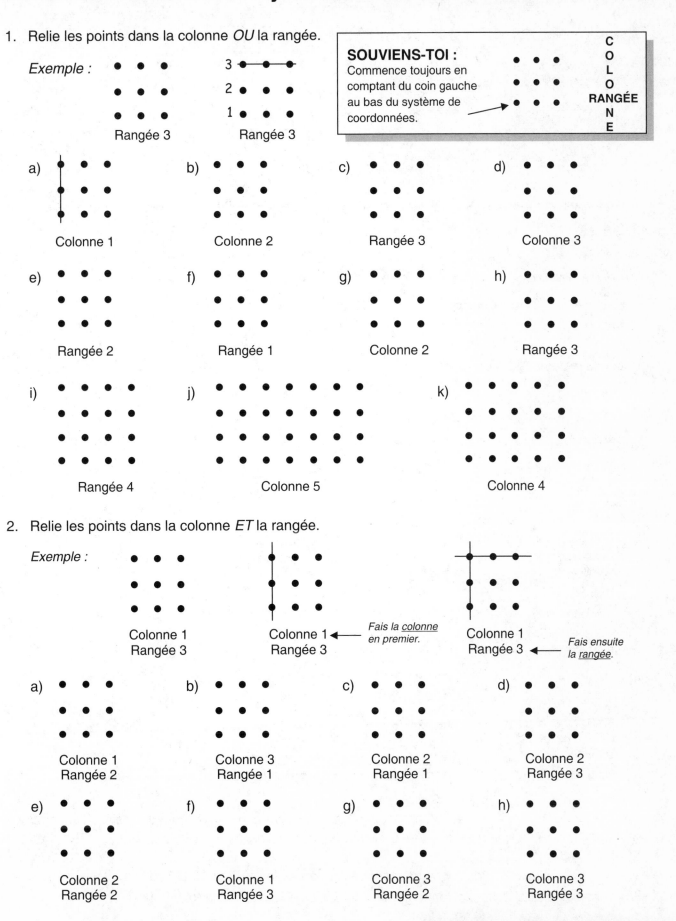

2. Relie les points dans la colonne *ET* la rangée.

3. Relie les points pour trouver la lettre cachée! Écris chaque lettre à côté de l'ensemble.

a) Colonne 2
Rangée 3

b) Colonne 1
Rangée 1

c) Colonne 1
Rangée 2
Rangée 3

d) Colonne 1
Colonne 3
Rangée 2

e) Colonne 1
Colonne 3
Rangée 1

4. Encercle le point où les deux lignes se rencontrent. Identifie ensuite la colonne et la rangée.

a) Colonne _____
Rangée _____

b) Colonne _____
Rangée _____

c) Colonne _____
Rangée _____

d) Colonne _____
Rangée _____

e) Colonne _____
Rangée _____

5. Encercle le point où les deux lignes se rencontrent.

a) Colonne 1
Rangée 3

b) Colonne 2
Rangée 2

c) Colonne 1
Rangée 2

d) Colonne 3
Rangée 3

e) Colonne 1
Rangée 1

f) Colonne 2
Rangée 3

g) Colonne 2
Rangée 1

h) Colonne 3
Rangée 1

6. Identifie la colonne et la rangée du point encerclé. (Trace la colonne et la rangée si cela peut t'aider.)

a) Colonne _____
Rangée _____

b) Colonne _____
Rangée _____

c) Colonne _____
Rangée _____

d) Colonne _____
Rangée _____

7. Dessine un ensemble de points 4 par 4 sur du papier quadrillé et encercle un point dans l'ensemble. Demande à un ami d'identifier la colonne et la rangée du point.

8. Dans un ensemble de points, écris une lettre à l'envers ou à l'endroit (ex. ⊢ ou ⊣). Écris ensuite le numéro des colonnes et des rangées qui forment la lettre.

Josh fait glisser un point d'une position à une autre. On décrit les **glissements ou translations** en utilisant des mots comme droite, gauche, vers le haut et vers le bas.

Exemple :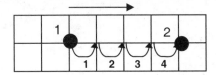

Pour déplacer le point de la position 1 à la position 2, Josh fait **glisser** le point.

---

1. De combien d'unités vers la <u>droite</u> le point a-t-il glissé de la position 1 à la position 2?

a)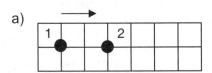

b)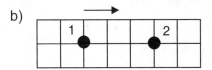

c)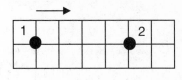

_____ unités vers la droite

_____

_____

2. De combien d'unités vers la <u>gauche</u> le point a-t-il glissé de la position 1 à la position 2?

a)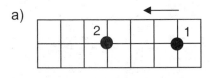

b)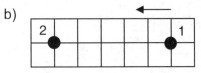

c)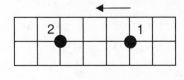

_____ unités vers la gauche

_____

_____

3. Fais glisser le point de …

a) 5 unités vers la droite.

b) 4 unités vers la gauche.

c) 7 unités vers la droite.

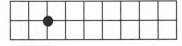

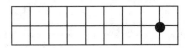

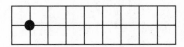

4. De combien d'unités vers la <u>droite</u> et vers le <u>bas</u> le point a-t-il glissé de la position 1 à la position 2?

a)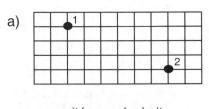

b)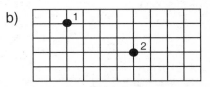

c)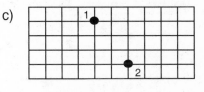

___ unités vers la droite
___ unités vers le bas

___ unités vers la droite
___ unités vers le bas

___ unités vers la droite
___ unités vers le bas

5. Fais glisser le point de …

a) 3 unités vers la droite;
   3 unités vers le bas.

b) 5 unités vers la gauche;
   2 unités vers le haut.

c) 6 unités vers la gauche;
   4 unités vers le bas.

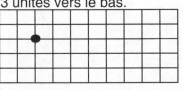

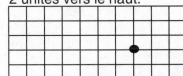

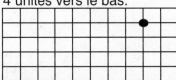

G4-22: Les glissements

1. Copie la forme dans la deuxième grille.
   INDICE : Assure-toi que ta forme soit dans la même position relativement au point.

a) b) c) d)

e) f) g) h)

2. Copie la forme dans la deuxième grille.

a)   b) 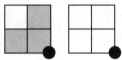 c)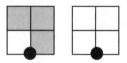

3. Fais glisser la forme d'un côté de la boîte à l'autre.

a) 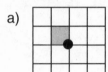 b) 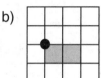 c)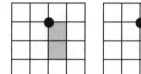

4. Fais glisser la forme de 4 unités vers la gauche.

a)   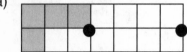 b) 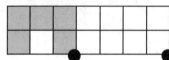 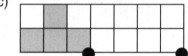 c)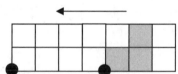

5. Fais glisser la forme de 3 unités dans la direction indiquée. Fais glisser le point et copie ensuite la forme. Le premier a été commencé pour toi.

a) 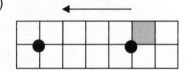 b) 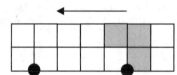 c)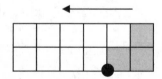

6. Fais glisser le point de trois unités vers le bas et copie ensuite la forme.

a) 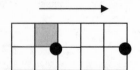 b) c) 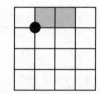 d)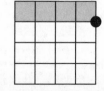

La géométrie 2

page 324

G4-23: Les glissements (avancé)

Dans un **glissement** (ou translation), la forme se déplace en ligne droite sans tourner. L'image est un glissement qui est congruent à la forme originale.

Hélène fait glisser une boîte vers une nouvelle position en suivant les étapes suivantes :

1. Dessine un point dans un coin de la boîte.
2. Fais glisser le point (5 à droite et 2 vers le bas).
3. Dessine l'image de la forme.

Relie les deux points avec une flèche de translation pour indiquer la direction du glissement.

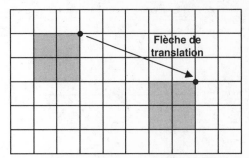

Fais glisser la boîte de 5 unités vers la droite et 2 unités vers le bas.

---

1. Fais glisser chaque forme de 4 unités vers la droite. (Commence en dessinant un point sur un des coins de la forme. Fais glisser le point de 4 unités vers la droite et dessine la nouvelle forme.)

a)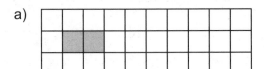

b)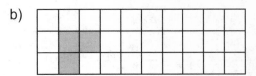

c)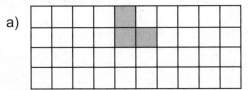

d)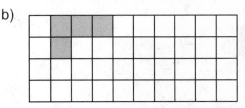

2. Fais glisser chaque forme de 5 unités vers la droite et de 2 unités vers le bas.

a)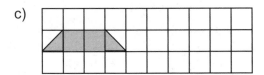

b)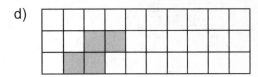

3. Fais glisser les formes dans les grilles suivantes. Décris ensuite le glissement en écrivant de combien d'unités tu as déplacé les formes horizontalement (à droite ou à gauche) et combien d'unités verticalement (vers le haut ou vers le bas).

a)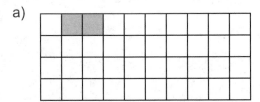

b)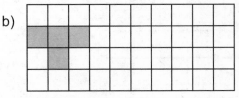

Mon glissement : _____

Mon glissement : _____

BONUS

4.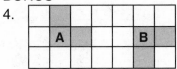

Marco dit que la forme B est un glissement de la forme A. A-t-il raison ? Explique.

La géométrie 2

1. De combien d'unités (à droite/à gauche et vers le haut/vers le bas) l'étoile doit-elle glisser pour arriver aux points suivants?

A. 3 à droite, 1 vers le haut

B. _____

C. _____

D. _____

E. _____

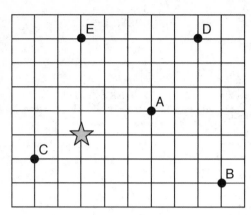

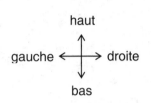

2. Utilise le système de coordonnées pour décrire ton parcours.

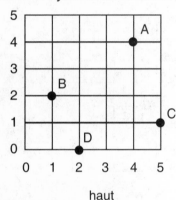

a) Commence à A et va à B : 3 à gauche, 2 en bas

b) Commence à C et va à D :

c) Commence à B et va à C :

d) Commence à D et va à B :

e) Commence à A et va à C :

f) Commence à A et va à D :

3. Utilise le système de coordonnées suivant pour montrer où tu <u>commences</u> ton parcours quand …

INDICE : Souligne le mot « de ». La lettre qui suit le mot « de » indique le point de départ.

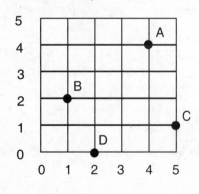

a) Tu te déplaces <u>de</u> A à B : commence à A

b) Tu te déplaces <u>de</u> B à C :

c) Tu te déplaces <u>de</u> D à B :

d) Tu te déplaces <u>de</u> D à A :

e) Tu te déplaces <u>de</u> C à A :

f) Tu te déplaces <u>de</u> A à C :

4. Réponds aux questions en utilisant le système de coordonnées.
   INDICE : Souligne le mot « de » dans chaque question.

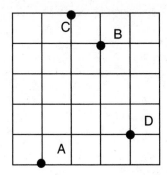

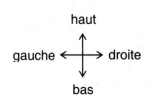

a) Quel point est 3 unités à droite et 1 unité en haut de A?

b) Quel point est 2 unités à gauche et 4 unités en haut de D?

c) Quel point est 1 unité en bas et 1 unité à droite de C?

d) Décris comment te rendre du point B au point D :

e) Décris comment te rendre du point B au point A :

f) Décris comment te rendre du point A au point C :

5. Réponds aux questions en utilisant le système de coordonnées.

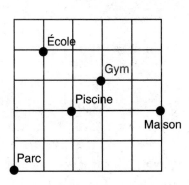

a) Quel bâtiment est 4 blocs à l'ouest et 2 blocs au nord de la maison?

b) Quel bâtiment est 2 blocs à l'est et 1 bloc au sud de l'école?

c) Qu'y a-t-il à 2 blocs au sud et 1 bloc à l'est de l'école?

d) Décris comment aller du parc au gymnase :

e) Décris comment aller de la piscine à la maison :

f) Décris comment aller du parc à l'école :

6. Cette grille montre l'emplacement de la cage de certains animaux dans un zoo.
   NOTE : Chaque côté de la grille représente 10 m.

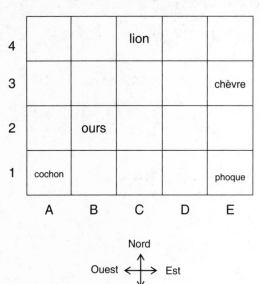

a) Quel animal trouves-tu dans le carré (B,2)?

b) Quel animal trouverais-tu si tu allais 4 carrés à l'ouest du phoque?

c) Donne les coordonnées de la chèvre :

d) Décris comment tu vas du lion au phoque :

e) Décris comment tu vas de l'ours à la chèvre :

7. Utilise les indices suivants pour trouver où s'assoient les enfants.

   🖉 Avance de 2 pupitres vers le haut et 1 pupitre à droite du pupitre de Erin à celui de Jean.

   🖉 Tom est à 1 pupitre en haut d'Abdul.

   🖉 Jane est entre Erin et Abdul.

   🖉 Va 1 pupitre à droite et 1 en haut de celui de George pour trouver le pupitre de Marie.

   🖉 Ed est 1 pupitre à la gauche de George.

   🖉 Marche de 2 pupitres à la gauche et 2 vers le haut de celui d'Abdul pour trouver le pupitre de Clara.

	George	
Erin		Abdul

8. Décris le parcours qu'a pris Jacob à partir du point (A) jusqu'au point (F).

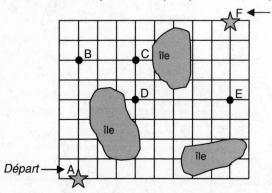

a) De A (départ) à B : _____

b) De B à C : _____

c) De C à D : _____

d) De D à E : _____

e) De E à F (fin) : _____

1. Utilise la carte du Canada pour répondre aux questions suivantes.

   Chaque endroit (coordonnées) devrait être écrit comme (colonne, rangée) l'exemple : **(A,3)**.

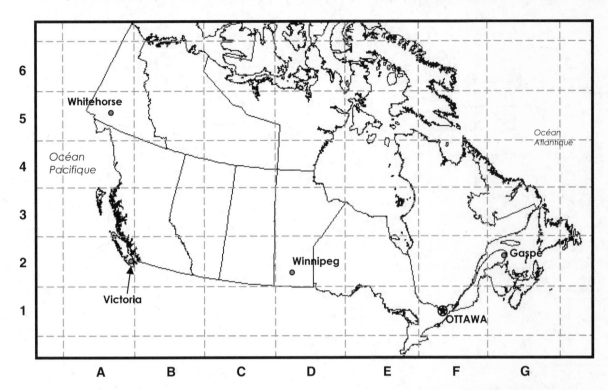

a) Quelles sont les coordonnées d'Ottawa (la capitale du Canada)?

b) Quelles sont les coordonnées de Whitehorse, territoire du Yukon?

c) Quelles sont les coordonnées de Winnipeg, Manitoba?

d) Quelles sont les coordonnées de Gaspé, Québec?

e) **(A,2)** sont les coordonnées de quelle ville?

f) **(G,5)** est dans quelle étendue d'eau?

g) **(F,2)** est dans quelle province?

2. **Les carrés secrets**

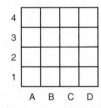

Dans ce jeu, le joueur #1 dessine une grille 4 x 4 et il choisit un carré.

Le joueur #2 essaie de deviner le carré en donnant ses coordonnées.

À chaque fois que le joueur #2 devine, le joueur # 1 écrit la distance (comptée horizontalement et verticalement) entre le carré choisi et le carré secret.

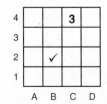

Par exemple, si le joueur #1 a choisi le carré B2 (✓) et le joueur #2 a deviné C4, le joueur #1 écrit 3 dans le carré choisi. (Les distances sur la grille sont comptées horizontalement et verticalement, jamais diagonalement.)

La partie se termine quand le joueur #2 choisit le bon carré.

Alain **fait refléter** la figure en la reversant au-dessus de l'axe de réflexion. Chaque point de la figure bascule sur l'axe de réflexion (M), mais reste à la même distance de la ligne. Alain vérifie que sa réflexion est bien dessinée en utilisant un miroir.

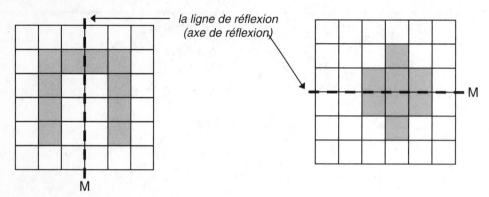

la ligne de réflexion
(axe de réflexion)

1. Dessine la réflexion des formes ci-dessous.

a)

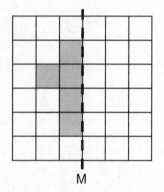

b)

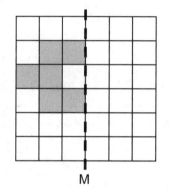

c)

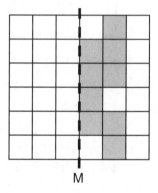

2. Dessine la réflexion ou le renversement des formes suivantes.

a)

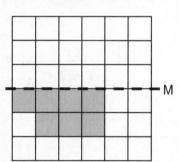

b)

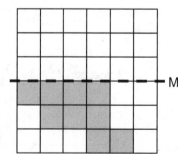

c)

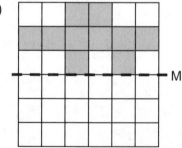

3. Dessine ta propre forme dans la boîte ci-dessous. Dessine ensuite la réflexion de la forme de l'autre côté de l'axe de réflexion.

BONUS
Les formes des deux côtés de l'axe de réflexion sont-elles congruentes? Explique ta réponse.

_____

_____

_____

G4-27: Les réflexions (avancé)

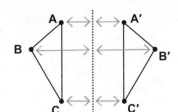

Quand un point est reflété sur l'axe de réflexion, le point et l'image du point sont à la même distance de l'axe de réflexion.

Une figure et son image sont congruentes mais font face à des directions opposées.

---

1. Fais refléter le point P sur l'axe de réflexion M.

a)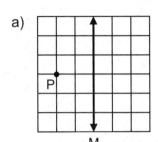

b)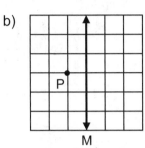

c)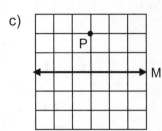

d)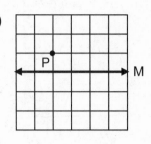

2. Fais refléter l'ensemble des points P, Q, R sur l'axe de réflexion.

a)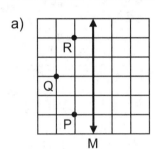

b)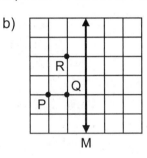

c)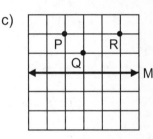

d)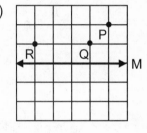

3. Fais refléter la figure en sélectionnant et déplaçant les points sur la figure.

a)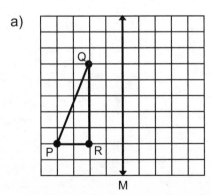

b)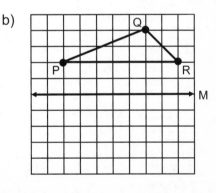

c)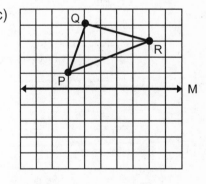

4. Dessine la réflexion de chaque lettre de l'autre côté de l'axe de réflexion.
   SOUVIENS-TOI : La réflexion doit faire face à la direction opposée de la figure.

a)   F

b)   C

c)   B

d)   D

e)   S

G4-28: Les rotations

Alice veut faire **pivoter** cette flèche $\frac{1}{4}$ de tour dans le sens des aiguilles.

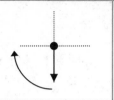

Étape 1 :	Étape 2 :
Elle dessine une flèche circulaire pour monter jusqu'où la flèche devrait bouger.	Elle dessine la position finale de la flèche.

1. Dessine le parcours de chaque flèche, du début jusqu'à la fin.

a)
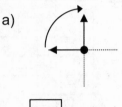

☐ tour dans le sens des aiguilles

b)
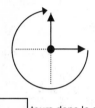

☐ tours dans le sens des aiguilles

c)

☐ tours dans le sens des aiguilles

d)

☐ tours dans le sens des aiguilles

2. Dessine le parcours de chaque flèche, dans le sens inverse des aiguilles, du début jusqu'à la fin.

a)
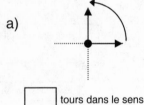

☐ tours dans le sens inverse des aiguilles

b)
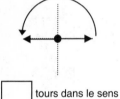

☐ tours dans le sens inverse des aiguilles

c)
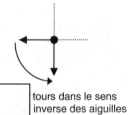

☐ tours dans le sens inverse des aiguilles

d)
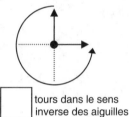

☐ tours dans le sens inverse des aiguilles

3. Utilise la méthode d'Alice pour montrer où sera la flèche après chaque tour.

a)

$\frac{1}{4}$ de tour dans le sens des aiguilles

b)

$\frac{3}{4}$ de tour dans le sens des aiguilles

c)

$\frac{1}{2}$ tour dans le sens des aiguilles

d)

1 tour dans le sens des aiguilles

e)

$\frac{1}{2}$ tour dans le sens inverse des aiguilles

f)
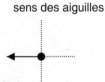

$\frac{1}{4}$ de tour dans le sens inverse des aiguilles

g)

1 tour dans le sens inverse des aiguilles

h)

$\frac{3}{4}$ de tour dans le sens inverse des aiguilles

i)

$\frac{1}{4}$ de tour dans le sens inverse des aiguilles

j)

$\frac{3}{4}$ de tour dans le sens des aiguilles

k)

$\frac{1}{2}$ tour dans le sens inverse des aiguilles

l)
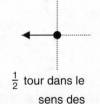

$\frac{1}{2}$ tour dans le sens des aiguilles

La géométrie 2

G4-29: Les rotations (avancé)

1. Montre à quoi ressemblerait la figure après la rotation. Fais pivoter la ligne foncée et dessine ensuite le reste de la figure.

a)

$\frac{1}{4}$ de tour dans le sens des aiguilles

b)

$\frac{1}{2}$ de tour dans le sens des aiguilles

c)

$\frac{3}{4}$ de tour dans le sens des aiguilles

d)

1 tour dans le sens des aiguilles

e)

$\frac{1}{4}$ de tour dans le sens des aiguilles

f)

$\frac{1}{2}$ de tour dans le sens des aiguilles

g)

$\frac{3}{4}$ de tour dans le sens inverse des aiguilles

h)

1 tour dans le sens des aiguilles

i)

$\frac{1}{4}$ de tour dans le sens des aiguilles

j)

$\frac{3}{4}$ de tour dans le sens des aiguilles

k)

$\frac{1}{4}$ de tour dans le sens inverse des aiguilles

l)

$\frac{1}{2}$ de tour dans le sens des aiguilles

m)

$\frac{1}{4}$ de tour dans le sens des aiguilles

n)

$\frac{3}{4}$ de tour dans le sens des aiguilles

o)

$\frac{1}{4}$ de tour dans le sens inverse des aiguilles

p)

$\frac{1}{2}$ de tour dans le sens des aiguilles

BONUS

2. Dessine une forme sur du papier quadrillé. Fais un point sur un des coins. Montre à quoi ressemble la forme après une rotation d'un quart de tour dans le sens des aiguilles autour du point.

jump math
MULTIPLYING POTENTIAL.

La géométrie 2

G4-30: Construire des pyramides

Pour construire la charpente d'une **pyramide**, commence en construisant la base. Ta base peut être un triangle ou un carré.

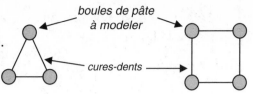

boules de pâte à modeler

cures-dents

Ajoute une arête à chaque sommet de ta base et relie les arêtes en un point.

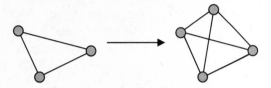

Pyramide triangulaire

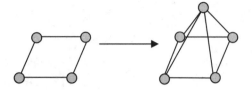

Pyramide carrée

Construis une pyramide à base triangulaire, à base carrée et à base pentagonale.

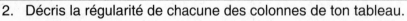

1. Remplis les trois premières rangées du tableau. Utilise les squelettes que tu as faits.

	Dessine la forme de la base	Nombre de côtés de la base	Nombres d'arêtes de la pyramide	Nombre de sommets de la pyramide
Pyramide à base triangulaire				
Pyramide à base carrée				
Pyramide à base pentagonale				
Pyramide à base hexagonale				

2. Décris la régularité de chacune des colonnes de ton tableau.

3. Utilise la régularité pour remplir la colonne de la pyramide hexagonale.

4. Quelle relation existe entre le nombre de côtés de la <u>base</u> d'une pyramide et le nombre d'arêtes d'une pyramide?

jump math
MULTIPLYING POTENTIAL

La géométrie 2

G4-31: Construire des prismes

Pour construire la charpente d'un **prisme**, commence en construisant la base (comme avec la pyramide). Cependant, ton prisme a aussi besoin d'une forme en haut alors tu dois faire une copie de la base.

Relie maintenant les sommets de la base avec ceux du haut.

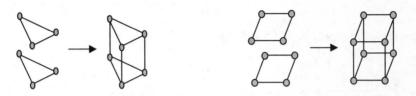

---

1. Remplis les trois premières rangées du tableau. Utilise les squelettes que tu as faits.

	Dessine la forme de la base	Nombre de côtés de la base	Nombre d'arêtes du prisme	Nombre de sommets du prisme
Prisme triangulaire				
Prisme rectangulaire				
Prisme pentagonal				
Prisme hexagonal				

2. Décris la régularité de chacune des colonnes de ton tableau.

3. Utilise la régularité pour remplir la colonne du prisme hexagonal.

4. Quelle relation vois-tu entre le nombre de côtés de la <u>base</u> d'un prisme et le nombre d'arêtes qu'il y a dans le prisme?

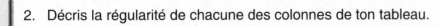

jump math
MULTIPLYING POTENTIAL

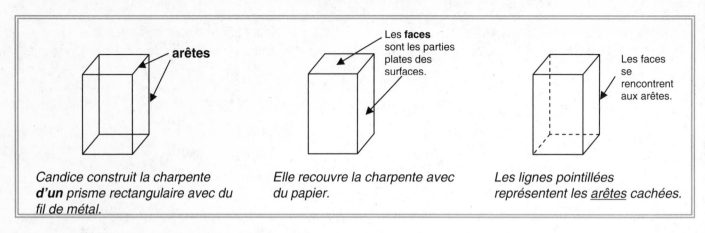

Candice construit la charpente **d'un** prisme rectangulaire avec du fil de métal.

Elle recouvre la charpente avec du papier.

Les lignes pointillées représentent les <u>arêtes</u> cachées.

1. Dessine des lignes pointillées pour montrer les arêtes cachées.

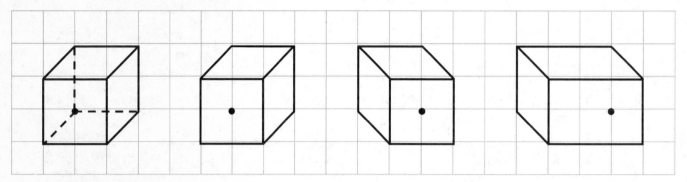

2. Noircis toutes les arêtes (la première a été commencée).
   Compte les arêtes.

a)

____ arêtes

b)

____ arêtes

c)

____ arêtes

d)

____ arêtes

e)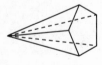

____ arêtes

f)

____ arêtes

g)

____ arêtes

h)

____ arêtes

3. Les sommets sont les points où se rencontrent les arêtes d'une forme.
   Fais un point sur chaque sommet (le premier est commencé). Compte les sommets.

a)

____ sommets

b)

____ sommets

c)

____ sommets

d)

____ sommets

4. Colorie …

la face **avant** :

a)   b)   c)   d)

la face **arrière** :

e)   f)   g)   h)

les faces de **côté** :

i)   j)   k)   l)

les faces du **haut** et du **bas** :

m)   n)   o)   p)

la face **arrière** :

q)   r)   s)   t)

la face du **bas** :

u)   v)   w)   x)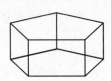

5. Noircis les arêtes qui seraient cachées si la charpente était recouverte de papier et placée sur une table.

a)   b)   c)   d)

BONUS

6. Noircis les arêtes qui seraient cachées si la charpente était recouverte de papier et accrochée au-dessus de toi comme tu le vois dans l'illustration ci-contre.

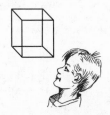

G4-33: Les prismes et les pyramides

Les formes solides dans la figure sont des **formes en 3-D**.

Les **faces** sont les surfaces plates de la forme, les **arêtes** sont des lignes où deux faces se rencontrent et les **sommets** sont les points où 3 faces ou plus se rencontrent.

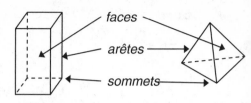

Les **pyramides** ont un **point** opposé à la base. La base de la forme est un polygone; par exemple, un triangle, un quadrilatère ou un carré (comme les pyramides en Égypte), un pentagone, etc.

Les **prismes** n'ont pas de point. Ils ont la même face aux deux bouts de la forme.

---

1. Compte les faces de chaque forme.

a) _____ faces

b) _____ faces

c) _____ faces

d) _____ faces

e) _____ faces

f) _____ faces

g) _____ faces

h) _____ faces

2. Utilise les formes en 3-D et le tableau ci-dessous pour répondre aux questions suivantes.

A	B	C	D	E
Pyramide à base carrée	**Pyramide à base triangulaire**	**Prisme rectangulaire**	**Cube**	**Prisme triangulaire**

a) Décris chaque solide en indiquant le nombre de faces, d'arêtes et de sommets.
   Le premier a été fait pour toi.

	A	B	C	D	E
Nombre de faces	5				
Nombre de sommets	5				
Nombre d'arêtes	8				

b) Y a-t-il des solides avec le même nombre de faces, d'arêtes et de sommets?
   Si oui, quels solides partagent les mêmes propriétés?

Melissa explore la différence entre les pyramides et les prismes. Elle découvre que …

- Une **pyramide** a **une base**.
  (Il y a une exception – chaque face est une base
  dans une pyramide triangulaire.)

  Exemple :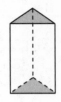

- Un **prisme** a **deux bases**.
  (Il y a une exception – chaque paire de faces
  opposées est une base dans un prisme rectangulaire.)

  Exemple :

NOTE IMPORTANTE :
La base n'est pas toujours « en-dessous » ou « au-dessus » d'une forme.

- -

ENSEIGNANT :
L'activité qui accompagne cette feuille de travail aidera vos élèves à identifier la base des figures en 3-D.

1. Colorie la base <u>et</u> encercle le point des pyramides suivantes. La première est déjà faite pour toi.
   NOTE : La base ne sera pas nécessairement « en dessous » de la forme (mais elle est *toujours* au bout du point opposé).

a) 　　b) 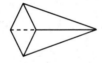　　c) 　　d)

e) 　　f) 　　g) 　　h)

2. Colorie les deux bases de chaque prisme.
   SOUVIENS-TOI : Un <u>prisme</u> a deux <u>bases</u> sauf si toutes ses faces sont des rectangles.

a) 　　b) 　　c) 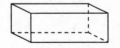　　d)

e) 　　f) 　　g) 　　h)

3. Colorie la base des deux figures suivantes.

Fais attention! Certaines auront deux bases (les prismes) et d'autres, une seule (les pyramides).

a) 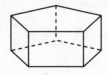   b)   c) 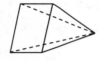   d)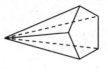

e)   f) 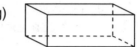   g) 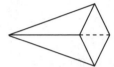   h)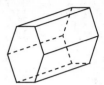

i)   j)    k)   l)

m)    n)   o)   p)

BONUS

4. Melissa a plusieurs prismes et pyramides. Encercle ceux dont les faces sont **toutes congruentes.**

a)   b) 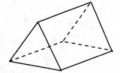   c)   d)

e)   f)   g) 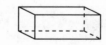   h)

1. Encercle toutes les **pyramides**.

   Fais un « X » sur tous les **prismes**.

2. Relie chaque forme et son nom. La première est déjà faite pour toi.

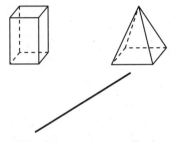   

| pyramide à base carrée | cylindre | prisme triangulaire | cône | prisme rectangulaire | pyramide à base triangulaire |

3. a) Compare les formes ci-dessous. Utilise le tableau pour trouver les propriétés qui sont <u>pareilles</u> et <u>différentes</u>.

Propriétés	Prisme rectangulaire	Pyramide à base carrée	Pareille?	Différente?
Nombre de faces	6	5		✓
Forme de la base				
Nombre de bases				
Nombre de faces qui ne sont <u>pas</u> des bases				
Forme des faces qui ne sont <u>pas</u> des bases				
Nombre d'arêtes				
Nombre de sommets				

   b) Complète les phrases suivantes :

   « Un prisme rectangulaire et une pyramide à base carrée sont <u>pareils</u> parce que …»

   « Un prisme rectangulaire et une pyramide à base carrée sont <u>différents</u> parce que …»

4. a) Complète le tableau. Utilise des formes en 3-D pour t'aider.

    Colorie le nombre de côtés de chaque base pour t'aider à identifier la forme.

Forme	Dessin de la base	Nombre ...			Nom
		d'arêtes	de sommets	de faces	

b) Encercle les prismes.

c) Compare le nombre de sommets de chaque prisme avec le nombre de côtés dans la base. Que remarques-tu?

5. Écris un paragraphe pour expliquer comment les formes sont <u>pareilles</u> et comment elles sont <u>différentes</u>.

a)

b)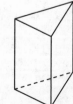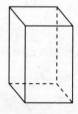

La géométrie 2

6. Dessine toutes les faces qui composent les formes en 3-D. La première est déjà faite pour toi.

Formes en 3-D	Faces en 2-D
a)	△ △ ▭ ▭ ▭
b)	

Montre ton travail pour les sections c), d), et e) dans ton cahier de notes.

c)   d)   e)

7. Fais le lien entre la description de la figure et son nom.

_____ cône   **A.** J'ai 6 faces congruentes.

_____ prisme triangulaire   **B.** J'ai 5 faces : 2 triangles et 3 rectangles.

_____ cube   **C.** J'ai 4 faces. Chaque face est un triangle.

_____ cylindre   **D.** J'ai 2 bases circulaires et une face courbée.

_____ pyramide à base triangulaire   **E.** J'ai 1 base circulaire et une face courbée.

8. « J'ai une base carrée. » Nomme deux solides en 3-D qui pourraient correspondre à cette description.

9. Nomme l'objet que tu pourrais construire si tu assemblais les formes.

a)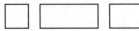

b)

c)

10. Dessine 2 faces que tu ne peux pas voir.

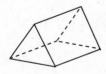

11.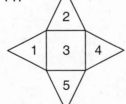

a) Quelle face du patron a le plus de sommets?

b) Quelle face partage un côté avec toutes les autres?

12. Dessine un développement pour …

a) une pyramide à base triangulaire.   b) une pyramide à base rectangulaire.   c) un prisme triangulaire.

G4-36: Les développements

ENSEIGNANT :
Donnez à vos élèves des copies des développements pour les formes en 3-D ci-dessous (du guide de l'enseignant).

1. Construis les figures suivantes à partir de leur développement.
   Remplis ensuite le tableau comme celui-ci dans ton cahier de notes.

| pyramide à base triangulaire | pyramide à base carrée | pyramide à base pentagonale | prisme triangulaire | cube | prisme pentagonal |

Nom de la figure	Nombre de faces	Nombre d'arêtes	Nombre de sommets

2. Dessine la face qui manque dans chaque développement.

   (a)   (b) ⭐ (c)

   i) Quelle est la forme de la face qui manque? _____

   ii) Les développements sont-ils des pyramides ou des prismes? Comment le sais-tu?

   _____

3. Dessine la face qui manque dans chaque développement.

   (i)   (ii)   (iii)

   a) Quelle est la forme de la face qui manque? _____

   b) Les développements sont-ils des pyramides ou des prismes? Comment le sais-tu?

   _____

4. Copie les développements suivants sur du papier quadrillé (utilise 4 carrés pour chaque face).
   Prédis quels développements seront des cubes. Découpe chaque développement et plie-le pour
   vérifier tes prédictions.

   a)   b) 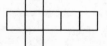 c)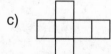

   d) 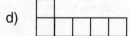 e)  f)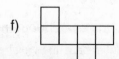

 jump math
MULTIPLYING POTENTIAL.

La géométrie 2

Ève classe les figures suivantes en utilisant un diagramme de Venn. En premier, elle identifie deux propriétés qu'une figure pourrait avoir. Elle fait ensuite un tableau.

| A | B | C | D | E |

Propriétés	Figures avec cette propriété
1. Une face rectangulaire ou plus	
2. Moins de 7 sommets	

1. a) Quelle(s) figure(s) partagent ces deux propriétés? _____

   b) En utilisant l'information du tableau ci-dessus, complète diagramme de Venn suivant.

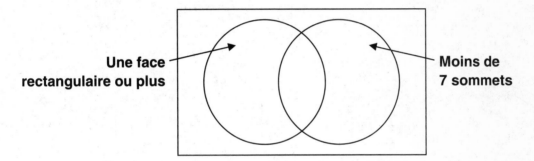

Une face rectangulaire ou plus   **Moins de 7 sommets**

2. Complète le tableau et le diagramme de Venn ci-dessous en utilisant les formes A à E.

   a)

Propriété	Figures avec cette propriété
1. Base triangulaire	
2. Prisme	

   b) Quelles figures partagent ces deux propriétés? _____

   c) Utilise l'information dans le tableau ci-dessus pour compléter le diagramme de Venn suivant.

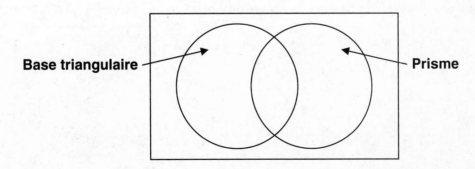

Base triangulaire   **Prisme**

Suis les étapes suivantes pour dessiner un **cube** sur des points isométriques.

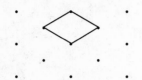

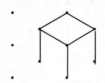

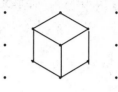

<u>Étape 1</u> :
Dessine un carré de 4 arêtes sur 4 points différents.

<u>Étape 2</u> :
Dessine des lignes verticales à partir de 3 arêtes qui touchent les points directement en-dessous.

<u>Étape 3</u> :
Relie les arêtes.

---

1. Dessine les figures suivantes construites de cubes emboîtés sur du papier à points isométriques.

a)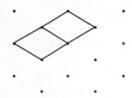

b)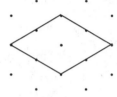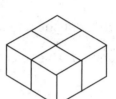

c)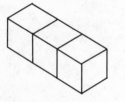

d)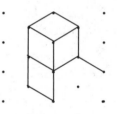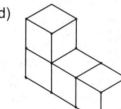

e)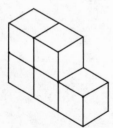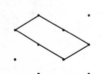

f)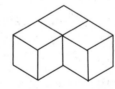

BONUS

2. Dessine les figures suivantes construites de cubes emboîtés sur du papier à points isométriques.

a)

b)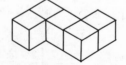

c)

d)

e)

f)

G4-39: Les dessins isométriques

1. Construis les figures avec des blocs ou des cubes emboîtés.

a)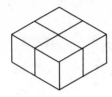

b)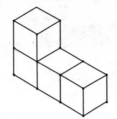

c)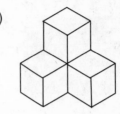

c)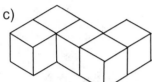

e)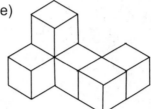

f)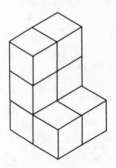

2. Les nombres indiquent combien il y a de blocs empilés dans chaque position.
   Trouve les nombres qui manquent.

a)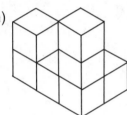

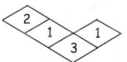

b)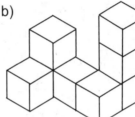

c)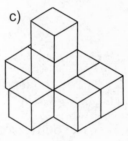

d)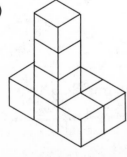

e)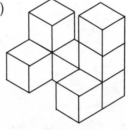

f)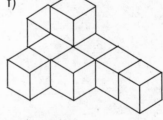

BONUS

3. Dessine les figures 2 a) et 2 b) sur du papier isométrique.

La géométrie 2

G4-40: La géométrie dans le monde

1. Trace les lignes de symétrie que tu vois dans ces drapeaux.

   a)    b)    c)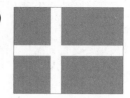

2. Quels polygones peux-tu voir dans ces images ?

   a)    b)    c)

3. Les courtepointes sont souvent faites avec des demi-carrés de couleur cousus ensemble.

   A   B   C

   a) Copie la courtepointe A sur du papier quadrillé. Trace les lignes de symétrie que tu vois.

   b) Deux des courtepointes sont une réflexion l'une de l'autre. Copie-les sur du papier quadrillé. Dessine une ligne de réflexion.

   c) Fais six courtepointes de 2 par 2. Trace les lignes de symétrie que tu vois.

   d) Fais une courtepointe de 2 par 2 et montre à quoi elle ressemblerait si elle était…
      (i) reflétée   (ii)   tournée de 90°

4. Décris comment se rendre au centre du labyrinthe.

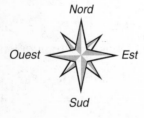

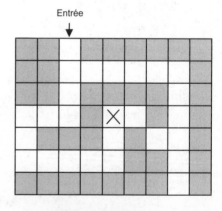

5. a) Quel type de pyramide est la pyramide égyptienne?

   b) Cherche des prismes, des cônes et des cylindres dans des magazines.

   c) Trouve des exemples de prismes, de pyramides, de cônes et de cylindres dans ta classe.

   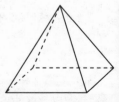

jump math — MULTIPLYING POTENTIAL

La géométrie 2

1. Quelle image représente ...

a) un glissement? _____ b) une rotation? _____ c) une réflexion? _____

 A
 B
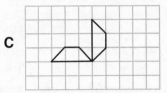 C

2. a) Colorie les sections du carré avec au moins 3 couleurs. Invente ensuite un motif en faisant <u>tourner</u> le carré.

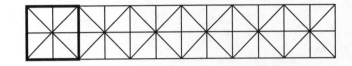

b) Colorie le carré avec différentes couleurs. Invente ensuite un motif en faisant <u>refléter</u> le carré.

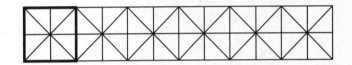

3. Encercle toutes les pyramides. Fais un « X » sur tous les prismes.

4. Encercle les images qui <u>ne sont pas</u> des réflexions. Explique comment tu sais que les figures que tu as encerclées ne sont pas des réflexions.

a) 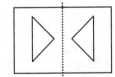   b) 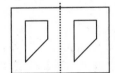   c)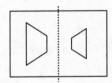

5. Dessine une ligne de réflexion sur du papier quadrillé. Dessine un polygone avec 3 ou 4 sommets. Fais refléter le polygone de l'autre côté de la ligne avec les sommets en premier.

6. 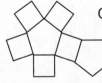   Ce développement représente quelle figure en 3-D? Comment le sais-tu?

7. Décris les formes suivantes :   a) un prisme triangulaire   b) un prisme rectangulaire

8. Fais une liste des formes en 3-D qui possèdent ces propriétés.

a) « J'ai 5 faces. »   b) « J'ai 12 arêtes. »   c) « J'ai 6 sommets. »

JUMP Math
Toronto, Canada
www.jumpmath.org

Writers: Dr. John Mighton, Dr. Sindi Sabourin, Dr. Anna Klebanov
Translator: Claudia Arrigo
Consultant: Jennifer Wyatt
Cover Design: Blakeley Words+Pictures
Special thanks to the design and layout team.
Cover Photograph: © LuckyOliver.com

This French edition of the JUMP Math Workbooks for Grade 4 has been produced in
partnership with and with the financial support of the Vancouver Board of Education.

ISBN: 978-1-897120-93-4

First published in English in 2009 as JUMP Math Book 4.2 (978-1-897120-72-9).

Ninth printing April 2019

Permission to reprint the following images is gratefully acknowledged: p. 257: Coin designs
© courtesy of the Royal Canadian Mint / Image des pièces © courtoisie de la Monnaie royale
canadienne.

Printed and bound in Canada

Children will need to answer the questions marked with a  in a notebook. Grid paper and
notebooks should always be on hand for answering extra questions or when additional room for
calculation is needed. Grid paper is also available in the BLM section of the Teacher's Guide.

The  means "Stop! Assess understanding and explain new concepts before proceeding."